THOMAS SPECK

OLGA SPECK

CHRISTOPH NEINHUIS

HENDRIK BARGEL

BiONiK

FASZINIERENDE LÖSUNGEN DER NATUR FÜR DIE TECHNIK DER ZUKUNFT

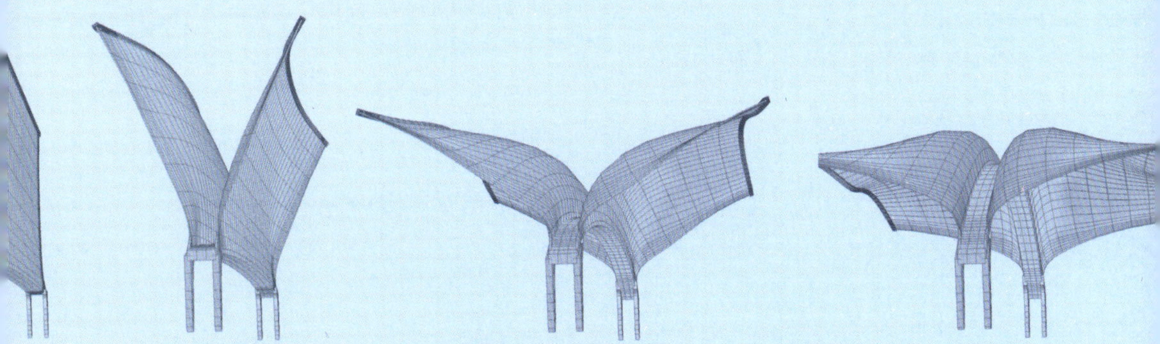

LAVORI VERLAG

FREIBURG IM BREISGAU

„DER MENSCHLICHE SCHÖPFERGEIST

kann verschiedene Erfindungen machen (...),

doch nie wird ihm eine gelingen, die schöner,

ökonomischer oder geradliniger wäre als die

der Natur, denn in ihren Erfindungen fehlt nichts

und nichts ist zu viel.“

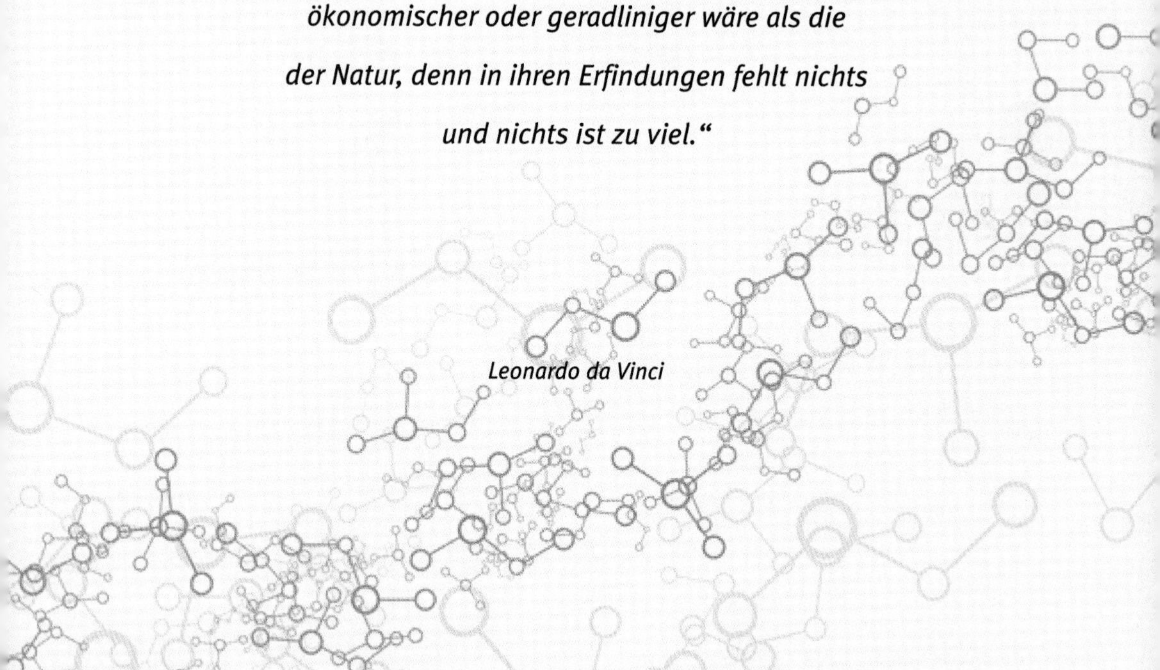

Leonardo da Vinci

IMPRESSUM

Herausgeber und Autoren:
Prof. Dr. Thomas Speck, Freiburg
Dr. Olga Speck, Freiburg
Dr. Hendrik Bargel, Bayreuth
Prof. Dr. Christoph Neinhuis

Gestaltung:
Annette Pfau, Grafik-Designerin, Bötzingen

Gesamtherstellung:
LAVORI VERLAG im Druckcentrum Stühlinger
Guntramstraße 8, 79106 Freiburg

ISBN 978-3-935737-21-0

INHALTSVERZEICHNIS

BiONiK – FASZINIERENDE LÖSUNGEN DER NATUR FÜR DIE TECHNIK DER ZUKUNFT

Was verbindet Biologie und Technik? Die Antwort heißt Bionik oder „Lernen von der Natur für die Technik“. Obwohl man dem Begriff Bionik immer wieder begegnet, bleibt dennoch häufig unklar was genau darunter zu verstehen ist. Dies liegt vielleicht auch an der teilweise unkritischen Verwendung des Begriffs. Hier setzt unser Buch an: an ausgewählten Beispielen wird beschrieben, was die Technik von der belebten Natur lernen kann, welche Möglichkeiten die Bionik bietet aber auch welche Grenzen die Bionik hat. Das Buch richtet sich an alle, die sich für Biologie und Technik interessieren.

In über 30 Erfolgsgeschichten werden sowohl bereits bekannte als auch aktuelle bionische Entwicklungen in kurzen, prägnanten Artikeln vorgestellt. Anhand zahlreicher Bilder wird gezeigt, wie der Ideenfluss vom biologischen Vorbild bis hin zum bionischen Produkt oder Prototypen verlief. Die Beispiele verdeutlichen die hochgradig integrative Arbeitsweise der Bionik – einer Wissenschaftsdisziplin, in der Forscher/innen und Entwickler/innen aus verschiedensten Fachrichtungen wie Biologie, Physik, Chemie, Ingenieur- und Materialwissenschaften mit Architekten und Designern in interdisziplinären Forschungs- und Entwicklungsprojekten zusammenarbeiten.

Besonders spannende oder auch kontrovers diskutierte Themen der Bionik werden in 13 Essays vorgestellt. Das Themenspektrum der Essays erstreckt sich von bionischer Robotik über Neurobionik, molekularer Bionik und bionischer Architektur bis hin zu bionischen Optimierungsmethoden und Ameisenalgorithmen. Darüber hinaus werden immer wieder

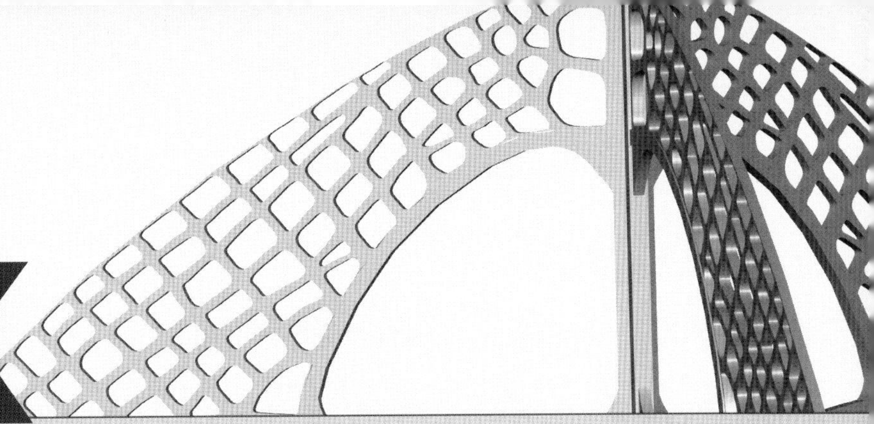

NiK

gestellte Fragen aufgegriffen wie zum Beispiel „Was man nicht von der Natur lernen kann“ oder „Warum gibt es nicht mehr Bionik-Produkte?“.

Die vier das Buch einleitenden Kapitel beschäftigen sich mit der Geschichte der Bionik sowie mit den Methoden und Teilbereichen der Bionik. Mit dem Traum vom Fliegen begann die Geschichte der Bionik. Leonardo da Vinci, der im 15. und 16. Jahrhundert lebte, gilt als Pionier der Bionik. Seine Notizbücher sind voll von detaillierten Studien des Vogelflugs, nach deren Vorbild er seine berühmten Flugmaschinen konstruierte.

Das Buch schließt mit vier Kapiteln zu aktuellen Themen wie „Bionik und nachhaltige Entwicklung“, „Bionik und Bildung“ sowie zu der herausragenden Bedeutung von Biodiversität sowie von wissenschaftlichen Sammlungen wie Museen, Zoologischen und Botanischen Gärten für die Bionik. Zu jedem Kapitel findet sich im Anhang eine kleine Auswahl an weiterführender Literatur.

Wir hoffen, dass wir die Faszination und die Begeisterung, die wir bei unserer Forschung auf dem Gebiet der Bionik erleben dürfen, in diesem Buch an Sie als Leser weitergeben können. Vielleicht gehen auch Sie nach der Lektüre dieses Buches mit einem etwas anderen Blick durch die Natur und sind fasziniert von den in der Evolution entstandenen Problemlösungen der Natur und von den Möglichkeiten diese auf technische Fragestellungen zu übertragen. Lassen Sie sich auf das Abenteuer ein, bei Ihrem nächsten Spaziergang die Natur mit den Augen eines Ingenieurs zu betrachten. Wir wünschen Ihnen viel Freude beim Lesen, Entdecken und Staunen!

Thomas Speck, Olga Speck,
Christoph Neinhuis und Hendrik Bargel

Freiburg, Dresden und Bayreuth, November 2012

Blattunterseite der Riesenseerose (Victoria amazonica)

GESCHICHTE DER BIONIK

Der Traum vom Fliegen, damit begann die Geschichte der Bionik. Bereits Ende des 15. Jahrhunderts entwarf Leonardo da Vinci seine berühmten Flugmaschinen, nachdem er zuvor den Vogelflug studiert hatte. Ein anderer Pionier des Fliegens war Otto Lilienthal. Seine Beobachtungen fasste er im 1889 veröffentlichten Buch „Der Vogelflug als Grundlage der Fliegekunst" zusammen. Auch Pflanzen waren Ideengeber für Flugobjekte: So entwickelte Sir George Cayley ab 1829 Fallschirme nach dem Vorbild der Schirmchenfliegerfrucht des Wiesenbocksbarts, und Igo Etrich baute 1906 einen bemannten Nurflügel-Gleiter nach dem Vorbild der Flugsamen von *Alsomitra macrocarpa.*

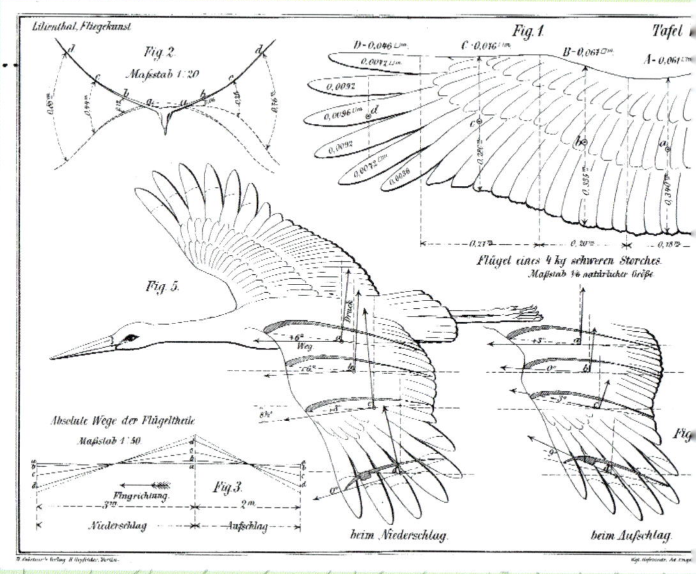

Tafel VIII aus „Der Vogelflug als Grundlage der Fliegekunst" von Otto Lilienthal

Die Blätter der Riesenseerose *(Victoria amazonica)* inspirierten im 19. Jahrhundert Sir Joseph Paxton (1801-1865) zum Bau der Dachkonstruktion des Crystal Palace anlässlich der Weltausstellung von 1851 in London. Auch Alltagsprodukte haben ihren Ursprung in der Bionik. Das wohl be-

Wiesenbocksbart (Tragopogon pratensis)

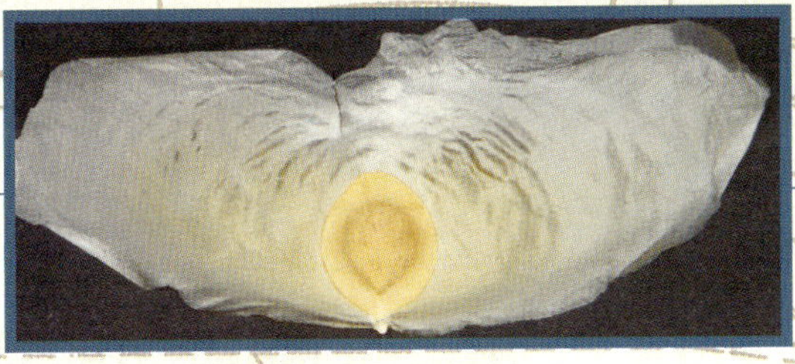

Die Flugsamen von Alsomitra macrocarpa können mit einer Spannweite von bis zu 20 cm mehrere Kilometer im stabilen Gleitflug zurücklegen.

kannteste bionische Produkt ist der Klettverschluss. Nach dem Vorbild von Klettfrüchten, die sich im Tierfell verhaken, meldete George de Mestral 1951 den Klettverschluss unter dem Markennamen Velcro® zum Patent an.

Intelligente Materialien, die selbstständig auf wechselnde Umgebungsbedingungen reagieren, gehören heute zu den großen Zielen der Bionik. In der Natur findet man dafür zahlreiche Vorbilder wie zum Beispiel selbstadaptive, selbstreparierende und selbstreinigende Materialien. Nach dem Vorbild der selbstreinigenden Blattoberflächen der Lotusblume wurden beispielsweise Fassadenfarben mit Lotus-Effect® entwickelt. Der Selbstheilungsmechanismus von Lianen stand wiederum Pate für die Entwicklung von selbstreparierenden Beschichtungen für pneumatische Systeme.

Lilienthal mit kleinem Schlagflügelapparat

Selbstportrait von Leonardo da Vinci (um 1512)

LEONARDO DA VINCI – UNIVERSALGENIE UND BIONIKER

Leonardo lebte im 15. und 16. Jahrhundert – seine Werke aber beeindrukken die Menschen bis zum heutigen Tage. Das „Universalgenie“ Leonardo war zugleich Architekt, Ingenieur, Künstler, Schriftsteller, Wissenschaftler und Erfinder und erfüllte somit alle Voraussetzungen für einen erfolgreichen Bioniker. Durch seine technischen Kenntnisse betrachtete er selbst die Natur mit den Augen eines Ingenieurs.

Bereits als Kind träumte Leonardo davon, nach dem Vorbild der Vögel fliegen zu können. Er war davon überzeugt, dass eine so schwierige Aufgabe nicht ohne Vorbild gelingen kann. Sein Hauptaugenmerk galt deshalb der Erforschung des Vogelflugs. Seine Naturbeobachtungen und die Zeichnungen verschiedener Phasen des Vogelflugs waren brillant. Sein Wissen stellte er 1505 in dem Werk „Sul Volo degli Ucelli“ (Über den Vogelflug) auf 160 Seiten und in über 500 Skizzen dar.

Er entwarf Vogelflugmaschinen, deren Schlagflügel durch die Arm- und Beinmuskeln des Menschen bewegt wurden. Trotz umfangreicher Studien waren seine Konstruktionen zum Scheitern verurteilt, denn die menschliche Muskelkraft reicht nicht aus, um damit zu fliegen. Er hatte noch nicht

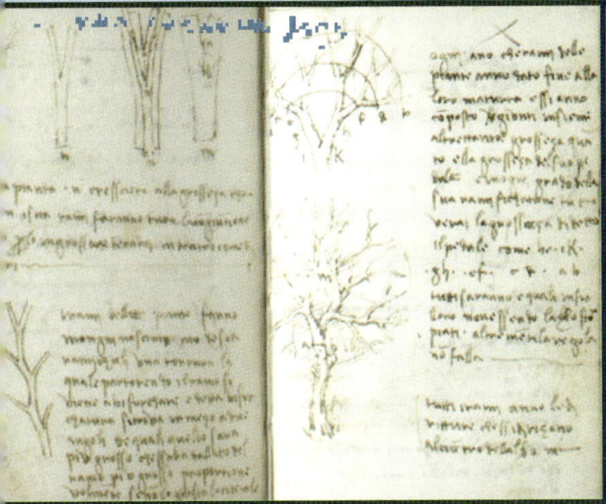

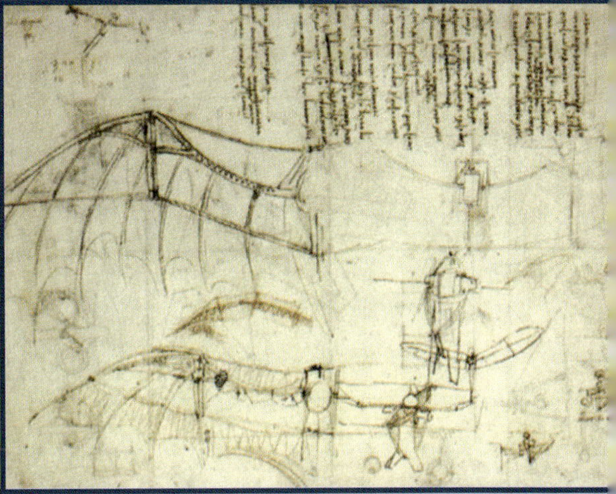

Leonardo da Vincis Theorien über das Wachstum der Bäume (Paris Manuscript M, Folio 78v und 79, 1490-1500)

Skizzen von Leonardo da Vinci für den Flügel einer Flugmaschine (Kodex über den Vogelflug, 1488)

erkannt, dass anders als beim Vogelflügel, Vor- und Auftrieb entkoppelt werden müssen, um erfolgreich Flugzeuge für Menschen zu bauen.

Auch die Botanik faszinierte Leonardo. Er beschrieb den Zusammenhang zwischen der Breite von Jahresringen im Baumstamm und der jährlichen Niederschlagsmenge. Skizzen belegen, dass er ein mathematisches Modell zum Baumwachstum entwickelte, eine Frage, die Forscher noch heute beschäftigt.

Stern von Bethlehem gezeichnet von Leonardo da Vinci zwischen 1505 und 1507.

BiONiK: EIN BLICK HINTER DIE KULISSEN – TEILBEREICHE DER BIONIK

Der Begriff Bionik ist zusammengesetzt aus Biologie und Technik. Unter Bionik versteht man das kreative Umsetzen von Anregungen aus der Biologie in die Technik, das heißt ein durch die Natur angeregtes „Neuerfinden“. Bionische Entwicklungen sind niemals reine Kopien der natürlichen Vorbilder. In der interdisziplinären Wissenschaftsdisziplin Bionik arbeiten Biologen eng mit Ingenieuren, Architekten, Physikern, Chemikern und Materialforschern zusammen.

Bionik ist „angesagt“ und hat in den letzten zehn Jahren einen großen Aufschwung erlebt. Ihre breite Akzeptanz spiegelt sich auch in der Tatsache wider, dass der Verein Deutscher Ingenieure (VDI) Richtlinien zur Bionik veröffentlicht hat und das Deutsche Institut für Normung (DIN) zusammen mit der International Organization for Standardization (ISO) ebenfalls Normen zur Bionik erarbeitet.

Teilbereiche der Bionik

Verschiedene internationale, nationale und regionale Kompetenznetze initiieren und koordinieren bionische Forschungs- und Entwicklungsprojekte.

Sieben Teilbereiche der Bionik können unterschieden werden, wobei die Übergänge zwischen den Teilbereichen fließend sind. Da die bionische Forschungslandschaft sehr dynamisch ist, bilden sich immer wieder neue spannende Forschungsrichtungen heraus. Beispiele sind die molekulare Bionik und die Energie-Bionik, die in vielfältiger Weise mit den sieben etablierten Teilbereichen vernetzt sind.

Ziel der molekularen Bionik ist die Übertragung molekularer Strukturen und Funktionsweisen aus der Biologie in bionische Materialien. Hierbei werden Methoden der makromolekularen Chemie und Physik eingesetzt. Energie-Bionik beschäftigt sich mit der Übertragung der Prinzipien des hoch effizienten Energiehaushalts biologischer Vorbilder in technische Anwendungen. Diese Ansätze umfassen einen weiten Bereich von bionischen Energiekonzepten für Gebäude bis zur molekularen Umsetzung in energieautonome Materialien.

Die Pfeifenwinde (Aristolochia macrophylla) ein Ideengeber für selbstreparierende Membranen

BiONiK: EIN BLICK HINTER DIE KULISSEN – METHODEN DER BIONIK

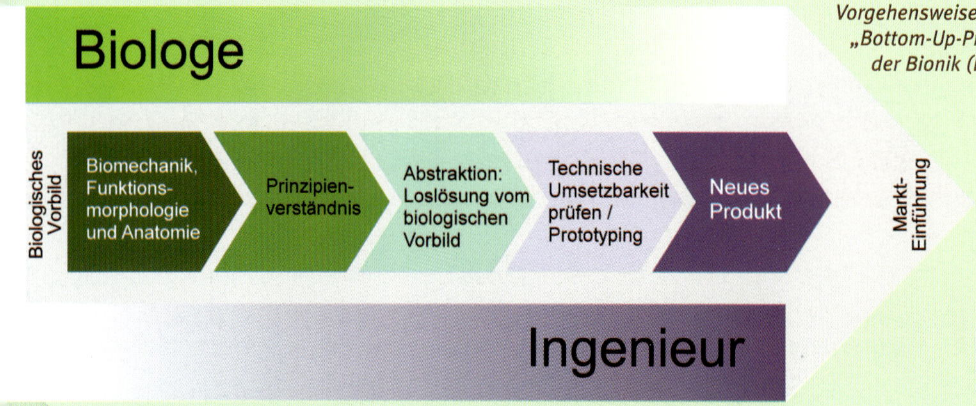

Vorgehensweise beim „Bottom-Up-Prozess" der Bionik (Biology Push)

Technische Biologie ist der Ausgangspunkt vieler bionischer Forschungsprojekte. Man versteht darunter die Analyse des Form-Struktur-Funktions-Zusammenhangs lebender Organismen mit Hilfe von Methoden aus Physik, Chemie, Material- und Ingenieurwissenschaften. Technische Biologie legt die Grundlage des Ideentransfers von der Biologie in die Technik.

Während der Entwicklung bionischer Produkte ergeben sich Erkenntnisse, die ihrerseits zu einem besseren Verständnis biologischer Systeme beitragen können. Der Erkenntnistransfer von der Bionik in die Biologie wird als „Reverse Bionik" bezeichnet. Hierdurch ergibt sich eine heuristische Spirale von Technischer Biologie, Bionik und Reverser Bionik, die zu einem Erkenntniszuwachs in allen drei Teilbereichen führt.

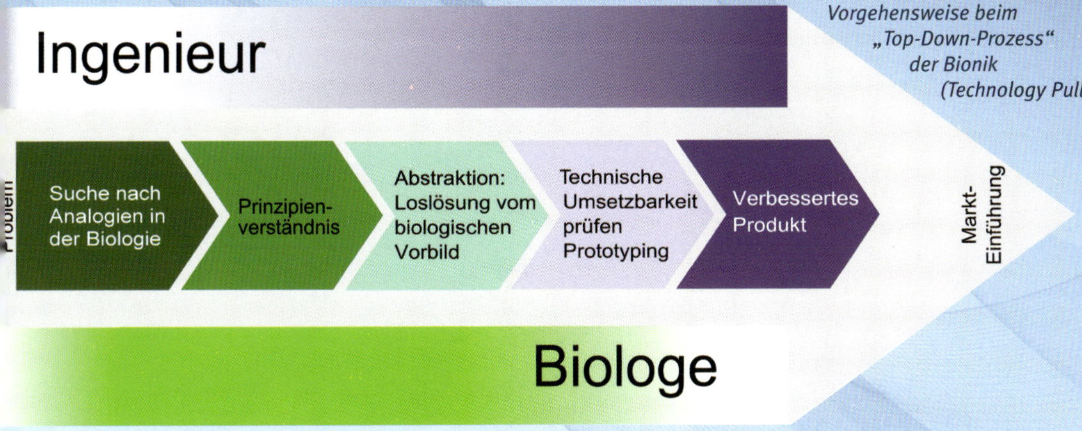

Vorgehensweise beim „Top-Down-Prozess" der Bionik (Technology Pull)

Beim bionischen Arbeiten lassen sich zwei Vorgehensweisen unterscheiden. Beim „Bottom-Up-Prozess" (Biology Push) stehen für technische Umsetzungen interessante Ergebnisse aus der biologischen Grundlagenforschung am Anfang, die dann in bionische Produkte umgesetzt werden. Beispiele sind Klettverschluss und Lotus-Effect®. Beim „Top-Down-Prozess" (Technology Pull) wird für bereits existierende Produkte, nach bionischen Verbesserungen gesucht. Biologen identifizieren die geeignetsten biologischen Vorbilder und setzen sie zusammen mit Ingenieuren in das optimierte bionische Produkt um. Beispiele sind Flectofin®-Fassadenverschattungen und selbstreparierende Membranen.

Im Rahmen dieses Buches werden nicht nur Entwicklungen vorgestellt, die bereits zu käuflichen bionischen Produkten geführt haben, sondern auch Beispiele, die in verschiedenen Stadien der Umsetzung zu bionischen Produkten stehen.

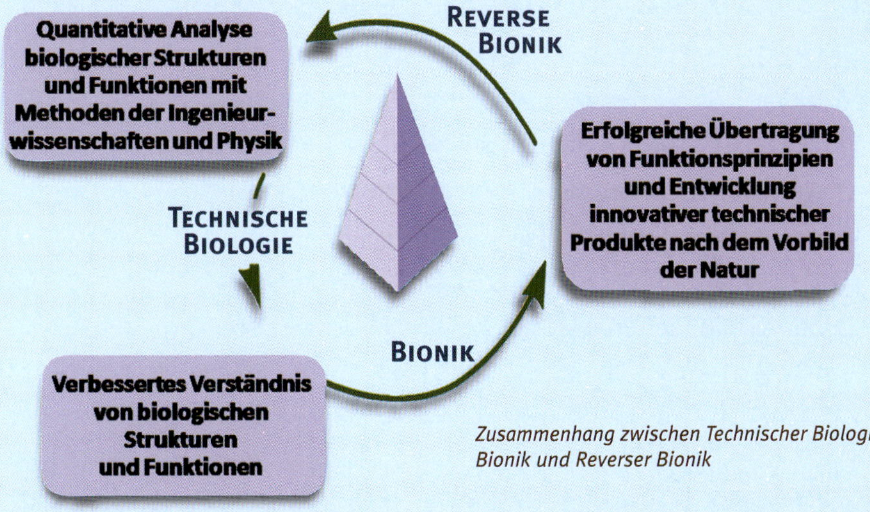

Zusammenhang zwischen Technischer Biologie, Bionik und Reverser Bionik

Ein Schwarzspitzenriffhai im freien Wasser. Der elegante Jäger besitzt einen torpedoförmigen Körper zur schnellen Jagd auf Fische.

SAMMLUNGEN ALS AUSGANGSPUNKTE FÜR BAHNBRECHENDE ENTDECKUNGEN

Prof. Dr. Christoph Neinhuis | Technische Universität Dresden

Und der Haifisch, der trägt Zähne, und die trägt er im Gesicht ...

. . . aber nicht nur dort, denn Haie sind, im Gegensatz zu anderen Fischen, auf dem ganzen Körper mit Zähnen bedeckt. Daher fühlt sich ihre Haut wie Sandpapier an. Entwicklungsgeschichtlich sind die Zähne auf der Haut mit denen im Maul identisch, übernehmen aber offensichtlich völlig andere Funktionen. Diesen Funktionen ging der Tübinger Paläontologe Wolf-Ernst Reif nach, der schon seit seiner Jugend ein ausgeprägtes Interesse an Geologie und Paläontologie zeigte. Dem jugendlichen Sammeln und Präparieren folgte ein Studium der Geologie und Paläontologie. Wissenschaftlich wandte er sich zunächst den Korallen und Schwämmen des Nattheimer Kalkes zu, um dann an der Entstehung von bonebeds, d.h. fossilen Knochenlagern, zu arbeiten. Mit seiner 1973 verfassten Dissertation über die Struktur und Funktion von Haizähnen hatte Reif ein Thema gefunden, das ihn während seiner Tätigkeit am Museum für Geologie und Paläontologie der Universität Tübingen zeitlebens begleitete. Neben der Entwicklung der Zähne im Maul des Hais waren es vor allem die Hautzähne und deren hydrodynamische Wirkung, die ihn faszinierten und letztendlich international berühmt machten. Intensive Studien, die er im Rahmen eines Stipendiums auf Hawaii durchführte, ließen ihn zur Überzeugung gelangen, dass die Hautzähne den Strömungswiderstand vermindern und so das Schwimmen effizienter machen. Mit dieser Hypothese wandte er sich an Dietrich Bechert, der in der Abteilung für Turbulenzforschung am Deutschen Zentrum für Luft- und Raumfahrt in Berlin arbeitete. Dort durchgeführte Messungen an

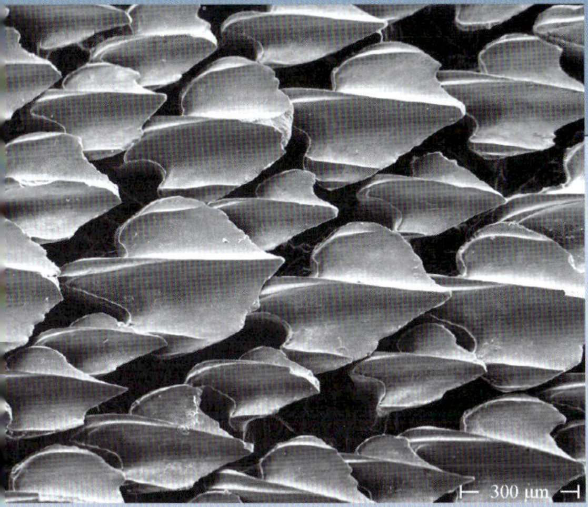

Hautzähne auf der Oberfläche eines Dornhais. Die fein strukturierten und flexibel gelagerten Zähne vermindern den Reibungswiderstand beim Schwimmen.

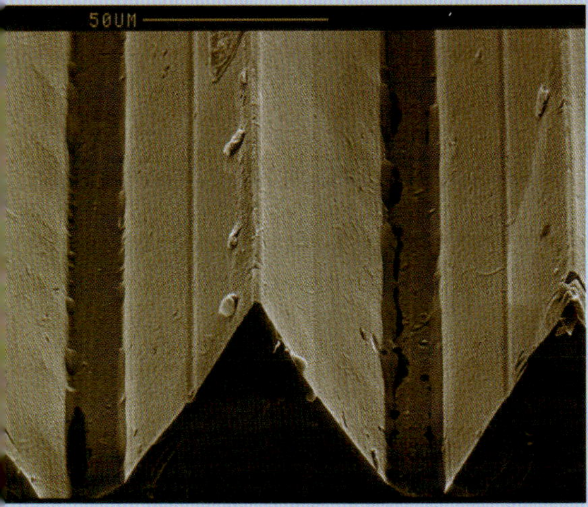

Vereinfachte Ribletfolien, wie sie auf Flugzeugtragflächen oder Schiffen getestet wurden um die Verminderung des Reibungswiderstands zu überprüfen.

vergrößerten Modellen in einem Ölkanal bestätigten die Reif'schen Vermutungen und belegten eine annähernd 10 prozentige Verminderung des Reibungswiderstands. Diese Entdeckung mündete in Versuche mit dem Ziel, vergleichbare Strukturen auf technische Oberflächen zu übertragen. Letztendlich wurden einige der später „Ribletfolien" genannten, von den Hautzähnen der Haie inspirierten Beschichtungen erfolgreich auf Schiffsrümpfen und Flugzeugtragflächen getestet, wo sie ebenfalls den Reibungswiderstand minimieren und so zur Einsparung von Treibstoff beitragen. Für seine Arbeiten erhielt Wolf-Ernst Reif den Ernst-Mach-Preis der DLR und Dietrich Bechert den Philip Morris Forschungspreis. Wolf-Ernst Reif verstarb nach langer Krankheit im Jahr 2009, Dietrich Bechert im Jahr 2004.

In diesem Beispiel war ein Museum mit einer umfangreichen paläontologischen Sammlung der Ausgangspunkt für eine bahnbrechende Entwicklung in der Bionik.

Putzen, putzen putzen . . . aber nicht immer!

In den 1970er Jahren hat sich für den jungen Doktoranden Wilhelm Barthlott am Botanischen Institut der Universität Heidelberg ein Tor zu einer neuen Welt geöffnet. Er erhielt eines der ersten Raster-Elektronenmikroskope in der deutschen Botanik und begann, sich intensiv mit der faszinierenden Welt der Mikro- und Nanostrukturen auf Blättern, Blüten, Samen und Pollen zu beschäftigen. Ausgangspunkte waren ein ausgeprägtes Interesse an der Systematik, also der Wissenschaft, welche die Vielfalt der Organismen erfasst, beschreibt und ordnet, sowie ein Botanischer Garten mit umfangreichen Sammlungen. Bei seinen breit angelegten Untersuchungen stellte sich bald heraus, dass bestimmte Strukturen im Pflanzenreich nicht zufällig verteilt, sondern für spezifische Pflanzengruppen typisch sind. Das gilt für Samen, Pollen und insbesondere für Blätter. Dort faszinierten Wilhelm Barthlott vor allem die feinen Strukturen, die sich aus Lipiden, den sogenannten Wachsen, bilden. Diese Wachse stellten sich später als durch Selbstorganisation entstehende Kristalle heraus, die je nach Verwandtschaftskreis ganz charakteristische Formen ausprägen. Um diese in einem Raster-Elektronenmikroskop abbilden zu können, müssen die Blätter präpariert und gereinigt werden. Dabei fiel Wilhelm Barthlott bald auf, dass bestimmte Blätter diesen Reinigungsschritt immer erforderten, während andere stets von vorneherein sauber waren. Überraschenderweise waren es diejenigen, die eine bestimmte Rauigkeit aufwiesen und wasserabstoßend waren, während glatte, benetzbare Blattoberflächen stark verschmutzten. Durch einfache Versuche an den Blättern von Kapuzinerkresse, denen kleine Deckglasscheiben aufgeklebt wurden, konnte dieser Zusammenhang belegt werden. Darauf basierend formulierte Wilhelm Barthlott die Hypothese, dass in spezifischer Weise strukturierte und wasserabstoßende Oberflächen selbstreinigend sind, und dass das möglicherweise die Hauptfunktion dieser Wachsschichten sei. Erst etwa 15 Jahre später, jetzt Professor in Bonn, griff Wilhelm Barthlott diese frühen Arbeiten zusammen mit seinem damaligen Mitarbeiter Christoph

⟵ Eines der ersten Experimente zur Selbstreinigung. Auf Blätter der Kapuzinerkresse aufgeklebte Deckgläser verschmutzen mit der Zeit, während die Blätter durch Regen immer wieder gereinigt werden.

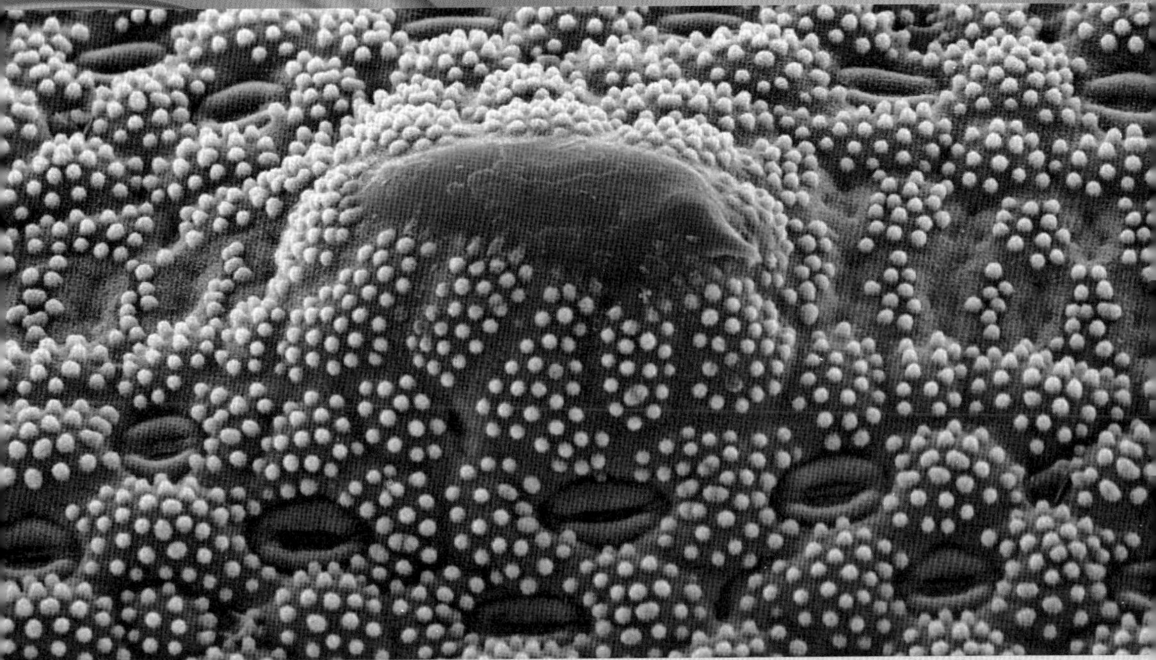

Blattoberfläche des Schwimmgrases (Hygroryza aristata) mit einer hierarchischen Strukturierung. Derartige Blätter weisen nicht nur eine extreme Wasserabstoßung, sondern auch eine nahezu perfekte Selbstreinigung auf.

Neinhuis wieder auf und belegte diese erstaunliche Eigenschaft anhand zahlreicher experimenteller Daten. Für diese Forschungen, vor allem aber für die erfolgreiche Übertragung der Selbstreinigung, auch gegen massive Widerstände aus der Wissenschaft selber, wurde Wilhelm Barthlott mit etlichen Preisen ausgezeichnet, darunter dem Philip Morris Forschungspreis, dem Karl Heinz Beckurts-Preis und nicht zuletzt dem Deutschen Umweltpreis. Produkte, die diese selbstreinigende Eigenschaft besitzen, werden unter dem Markennamen Lotus-Effect® vertrieben, ein Begriff der mittlerweile fast zum Synonym für funktionale wasserabweisende Oberflächen geworden ist.

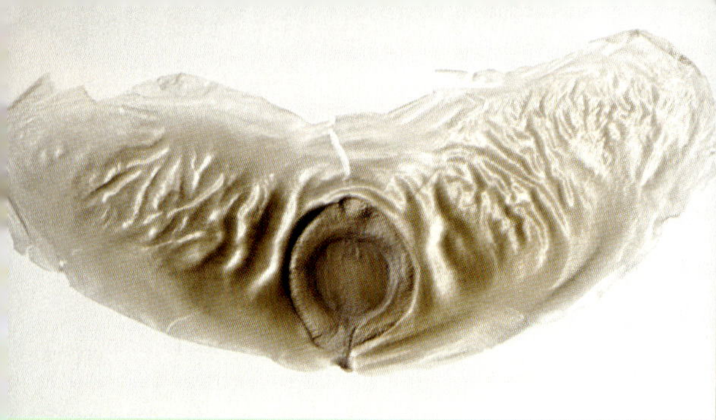

Gleitflugsame der Zanonie (Alsomitra macrocarpa)

Schirmchenfliegerfrüchte des Löwenzahns (Taraxacum officinale)

FLUGSAMEN UND GLEITFLIEGER – LEICHT UND AUTOSTABIL

Viele Pflanzen haben leichte Flugsamen und Flugfrüchte entwickelt, die passiv durch den Wind ausgebreitet werden. Einfache Flugsamen finden sich bereits bei vielen Nadelbäumen. Die auch „Schirmchenflieger" genannten Früchte des Löwenzahns (*Taraxacum officinale*) erinnern an kleine Fallschirme. Von der Zanonie (*Alsomitra macrocarpa*), einem tropischen Kürbisgewächs, stammen jedoch die beeindruckendsten Flugsamen: mit einer Spannweite von 10 bis 15 cm können die sehr leichten Samen bis zu einigen Kilometern weit gleiten.

Die Schirmchenflieger des Löwenzahns haben einen tief liegenden Schwerpunkt, der sie in der Luft stabilisiert. Die aus dem Kelch gebildeten haarigen Anhänge (Pappus) der Früchte sorgen für den nötigen Auftrieb im Wind. Die Zanonien-Samen besitzen einen exzentrisch liegenden Schwerpunkt sowie eine in der Längs- und Querachse nach oben gebogene Flughaut mit Längsrillenstruktur. Dadurch sind sie hervorragende autostabile Gleiter, bei denen sich stets ein Zustand des stabilen Gleitflugs einstellt.

Der erste Fallschirm wurde vom englischen Flugpionier Sir George Cayley (1773-1857) entworfen, der sich von den Schirmchenfliegern des Wiesenbocksbarts inspirieren ließ. Die Flugzeugkonstrukteure I. Etrich und F. X. Wels entwickelten ab 1904 einen bemannten Nurflügler nach dem Vorbild des Zanonien-Samens, für den 1905 ein Patent erteilt wurde.

Von Zanonien-Samen inspirierter Nurflügler von I. Etrich und F. X. Wels, 1907

Konzeptstudie VELA 2
(Very Efficient Large Aircraft) zur Verringerung des Treibstoffverbrauchs in zivilen Großraumflugzeugen, Deutsches Zentrum für Luft- und Raumfahrt (DLR) und europäische Partner

Dieser wies wie das natürliche Vorbild ein autostabiles Profil und einen exzentrisch liegenden Schwerpunkt auf. Das davon abgeleitete, steuerbare Motorflugzeug mit Rumpf besaß aus Stabilitätsgründen zusätzlich die Körperform der Taube. Dieses sehr flugstabile, auch „Etrich II Taube“ genannte Flugzeug war ab 1910 das erste Flugzeug der Welt in Serienproduktion.

Aktuell wird die Entwicklung von Nurflüglern sowohl für die militärische als auch für die zivile Luftfahrt verfolgt, zum Beispiel für Tarnkappen-Kampfjets und zur Verringerung des Treibstoffverbrauchs bei zivilen Großraumflugzeugen wie in der vom Deutschen Zentrum für Luft- und Raumfahrt (DLR) und europäischen Partnern erstellten Konzeptstudie VELA.

Das Flugzeug „Etrich II Taube“ (1910), zur Verbesserung der Flugstabilität diente die Körperform der Taube als Vorbild.

Große Landvögel, die durch Ausnutzung der Thermik lange durch die Luft gleiten, besitzen an den Flügelenden aufgespreizte Schwingen. Dadurch wird der große Nachlaufwirbel in kleinere Wirbel zerlegt.

WINGLETS – KLEINE WIRBEL MIT GROSSER WIRKUNG

Wer träumt nicht davon, sich wie Vögel nahezu schwerelos in die Luft zu erheben. Dabei faszinieren besonders die großen Segler und Gleiter, da sie scheinbar ohne Anstrengung Stunden in der Luft kreisen, entweder mit langen, schmalen Flügeln (z.B. Albatrosse) oder breiten, geraden, mit gespreizten Endfiedern versehenen Flügeln (z.B. Geier).

Jeder umströmte Flügel erzeugt widerstandserhöhende Wirbel. Bei geraden Tragflächen sind das insbesondere große, langlebige Nachlaufwirbel. Messungen an Landseglern ergaben einen minimierten induzierten Widerstand bei den aerodynamisch eher nachteiligen geraden Flügeln durch die gespreizten Handschwingen. Hierdurch wird der große Nachlaufwirbel in mehrere kleine Wirbel zerlegt und bessere Gleitzahlen werden erreicht.

Ende des 19. Jahrhunderts erkannte und patentierte der Brite F.W. Lanchester das Prinzip, das aber erst gut 70 Jahre später erstmals durch die NASA an einer Boeing KC 135 praktisch erprobt wurde. Die Ölkrise der 1970er Jahre hat die Forschung beschleunigt und zur Entwicklung neuartiger Flügelendgeometrien bei allen Flugzeugbauern geführt. Heute werden fast alle größeren Flugzeuge mit modellspezifischen Winglets ausgestattet.

Randwirbel an einer konventionellen Tragfläche. Er entsteht durch den Druckunterschied auf der Ober- und Unterseite der Tragfläche.

Technische Umsetzung der aufgespreizten Handschwingen eines Vogels. Der Randwirbel wird in kleinere Wirbel zerlegt und es entsteht eine Wirbelspule.

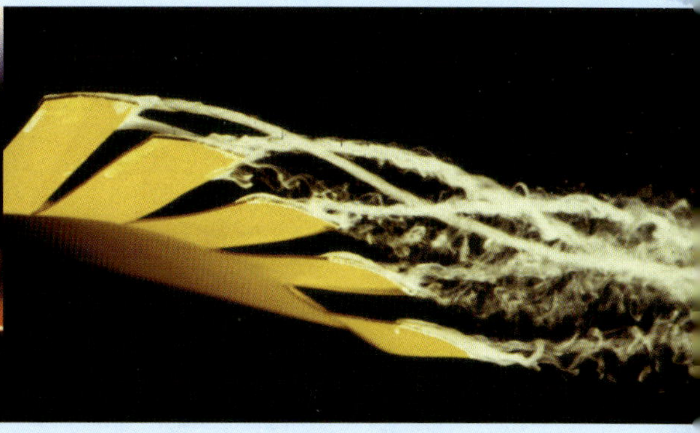

Modernes Verkehrsflugzeug mit modifizierten Flügelenden. Die je nach Typ und Hersteller Winglets, Wingtips oder Sharklets genannten Strukturen tragen zu einer Reduktion des Treibstoffverbrauchs bei.

Winglets beeinflussen gleich mehrere Parameter eines Flugzeugs, vor allem verringern sie den induzierten Luftwiderstand. In der Summe kann dadurch bis zu 5 % Treibstoff eingespart werden. Neuere Entwicklungen führten auch zu Schleifenflügeln sowie zu neuen Propeller- und Ventilatorformen.

DER PINGUIN ALS VORBILD – REIBUNGSMINDERUNG UND FORMOPTIMIERUNG

Ein Adélie-Pinguin wirkt an Land unbeholfen, bewegt sich aber zu Lande und insbesondere zu Wasser sehr effizient fort.

Pinguine sind schwimmende Seevögel der Südhalbkugel, die sehr gut an das Leben im Wasser angepasst sind. Mit ihren zu Flossen umgebildeten Flügeln gleiten sie im „Unterwasserflug“ elegant und wendig mit einer mittleren Geschwindigkeit von 8 km/h durch das Wasser. Durch ihren stromlinienförmigen Körper verbrauchen Pinguine dabei wenig Energie. Adélie-Pinguine (*Pygoscelis adeliae*) können mit einer Magenfüllung Kleinkrebse von 1 kg und der darin enthaltenen Energie bis zu 130 km weit schwimmen.

Beim energieeffizienten „Unterwasserflug“ der Pinguine verursachen die Flossen keine energiezehrenden turbulenten Strömungen. Zudem hat der spindelförmige Pinguinkörper einen sehr niedrigen Widerstandsbeiwert (cw) von ca. 0,03 – was einem um den Faktor 8 niedrigeren Strömungswiderstand entspricht als ihn moderne Seriensportwagen besitzen. Einen weiteren „Trick“ nutzen Pinguine bei starker Beschleunigung und beim Eintauchen sowie Auftauchen aus dem Wasser. Im Gefieder gehaltene Luft wird kurzzeitig herausgedrückt, so dass an der Körperoberfläche Luftblasen wie ein Gleitlager die Reibung reduzieren.

Der ferngesteuerte Roboter-Pinguin „AquaPenguin" ist seinen natürlichen Vorbildern in Form und Bewegung täuschend echt nachgebildet.

Die strömungsoptimierte Form der Pinguine war in den 1960iger Jahren Inspiration für den Luftfahrtingenieur Heinrich Hertel. Er gilt als einer der Vordenker der Bionik in der Luftfahrt und schlug einen spindelförmigen Laminarrumpf mit einem geringeren Luftwiderstand als bei herkömmlichen Flugzeugen vor. Allerdings haben sich seine Forschungen aus wirtschaftlichen und praktikablen Gründen nicht im Flugzeugbau durchgesetzt. Die Firmen Festo AG & Co. KG und EvoLogics GmbH entwickelten 2009 einen strömungsgünstigen Roboter-Pinguin (AquaPenguin) für autonome Unterwassererkundungen mit einem in alle Richtungen beweglichen Rumpf.

Technische Umsetzungen der optimierten Strömungsform der Pinguine sind noch selten. Dennoch bieten die Vögel ein gutes Beispiel für energiesparendes Design in der Natur. Überträgt man deren Energieverbrauch beim Schwimmen auf Autos, könnten diese mit 1 Liter Benzin bis zu 1500 km weit fahren!

Beim „Unterwasserflug" der Pinguine hilft deren strömungsoptimierte Körperform und das kurzzeitige Auspressen von Luft aus dem Gefieder Energie beim Schwimmen zu sparen.

ZUSAMMEN NEUES SCHAFFEN

Markus Fischer | Ingenieurbüro Markus Fischer, Ostfildern

Das Wort, „Bionik“, das sich aus Biologie und Technik zusammensetzt, wurde 1960 eingeführt. Es deutet an, dass in der Bionik immer mindestens zwei Berufsgruppen, die Biologen und die Ingenieure, zusammenarbeiten. Schauen wir genauer hin, so teilt sich die Biologie als Wissenschaft weiter in Unterdisziplinen wie Zoologie, Botanik, Physiologie usw. auf. Ebenso gibt es technische Teilbereiche wie Maschinenbau, Fahrzeugtechnik, Elektrotechnik, Informatik und viele andere mehr.

Methodisches Vorgehen

Die Vorgänge in der Natur sind so komplex, dass mehrere wissenschaftliche Disziplinen zusammenarbeiten müssen, um zu neuen Erkenntnissen zu kommen. Sowohl in der Biologie als auch in der Technik wurde dies erkannt und es entstanden neue Disziplinen. In der Biologie fand die Integration von Medizin und Psychologie statt und es wurden die Lebenswissenschaften aus der Taufe gehoben. In der Technik wurde beispielsweise die Mechatronik eingeführt, eine Mechanik, die Elektronik und Informatik beinhaltet. Bei der Biomechatronik werden die Biomedizintechnik und die Biomechanik mit der Mechatronik verknüpft.

Der bionische Innovationsprozess

Hat bionisches Arbeiten das Ziel, über die Forschung hinaus ein neues Produkt oder eine neue Dienstleistung zu entwickeln, kommen weitere Beteiligte im Innovationsprozess dazu: von der Marktforschung über Produktdesign, Konstruktion, Produktion bis hin zu Marketing und Vertrieb.
Die reine Aufzählung der Projektbeteiligten zeigt wie komplex es ist, ein neues bionisches Produkt auf den Markt zu bringen und erfolgreich zu ver-

← Aus der Zusammenarbeit zwischen der EvoLogics GmbH und der Festo AG & Co. KG entstand der Adaptive Greifer DHDG der Festo AG & Co. KG. Adaptives Greifen in der Agrar- und Lebensmittelindustrie ist damit möglich.

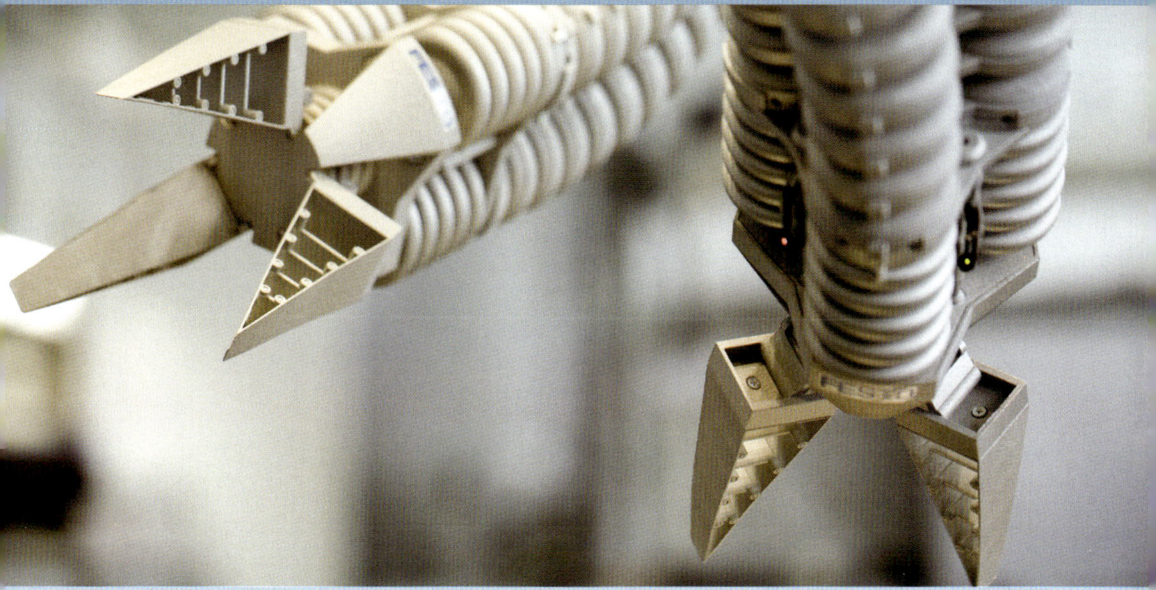

Der Bionische Handling-Assistent von Festo gewann im Jahr 2010 den Deutschen Zukunftspreis, den Preis des Bundespräsidenten für Technik und Innovation. Eine Zusammenarbeit der Forscher der Fraunhofer Gesellschaft IPA, der Hochschule für Gestaltung in Offenbach und der Festo AG & Co. KG.

kaufen. Erst wenn alle Beteiligten zusammen auf das gemeinsame Ziel hin arbeiten, erst wenn die Idee zu einem verkaufbaren Produkt entwickelt und das Produkt erfolgreich verkauft wird, kann von einer Innovation gesprochen werden. Für diesen Zweck hat es sich bewährt, einen Paten für das Innovationsprojekt einzusetzen, der dieses von Anfang bis Ende vorantreibt und immer wieder alle Projektbeteiligten auf das Ziel – die Innovation – ausrichtet.

Heute wird in vielen Firmen beim Innovationsprozess das Stage-Gate-Modell von Robert G. Cooper angewendet. Nach jeder Stufe im Entwicklungsprozess kommt ein „Gate", eine Bewertung des letzten Prozessschrittes und damit auch eine Beurteilung, ob es sich lohnt die Innovation weiter zu verfolgen oder nicht. Ziel dieses Modells ist es, den Innovations- und Entwicklungsprozess schnell und effizient zu gestalten.

Chancen des interdisziplinären bionischen Arbeitens

Die Bionik schafft Innovationen – ob als „Bottom-Up-Prozess“, also von der biologischen Grundlagenforschung her kommend, oder als „Top-Down-Prozess“, beginnend mit dem technischen Anforderungsprofil. Sie erzeugt neue Vorteile, so zum Beispiel:

- Biologen und Techniker erweitern durch den gemeinsamen Arbeitsprozess ihren Horizont
- Biologen und Techniker erweitern die Lösungen für die Innovationsaufgabe durch neue, in der Technik nicht gekannte Ansätze
- Synergie – Durch interdisziplinäres Arbeiten entsteht neues Wissen, vor allem an den Rändern und in der Überlappung der Arbeitsgebiete

Herausforderungen beim interdisziplinären Zusammenarbeiten

Wenn Wissenschaft und Industrie zusammenarbeiten, gibt es besondere Herausforderungen im Spannungsfeld zwischen Forschung und Markterfolg. In einem gemeinsamen Innovationsprojekt sollte das Ziel klar, eindeutig, für alle verständlich und schriftlich definiert sein. Alle Beteiligten sollten sich auf dem gleichen Informationsstand halten. Dabei ist zu berücksichtigen, dass es in den jeweiligen Fachgebieten oft eine eigene Fachsprache gibt. Der Erfolg beim Innovationsprojekt hängt ebenso davon ab, wie Generalisten und Spezialisten die jeweils andere Sichtweise akzeptieren und ergänzend zusammenarbeiten.
Physische Präsenz hilft die Interaktion unter den Teilnehmern zu beschleunigen. Reine E-Mail Kommunikation verlangsamt ein Projekt und bringt es ins Stocken.

Neue Werkzeuge im bionischen Innovationsprozess

In der Innovationsforschung gibt es neue Möglichkeiten, die Kunden und deren Bedürfnisse von Anfang an in das Projekt einzubeziehen. Die 1986 entwickelte Lead User Methode von Eric von Hippel vom Massachusetts Institute of Technology, Sloan School of Management, bindet Schlüssel-

⇠ *Das Team von Scaled Composites um Burt Rutan und Richard Branson gewann den Ansari X-Prize.*

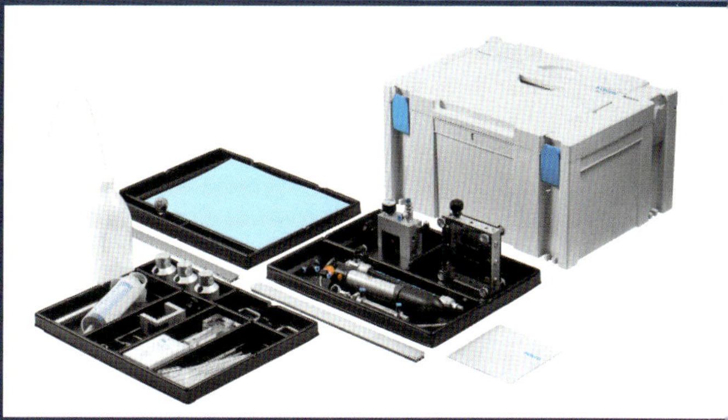

Beim BionicsLab der Festo Didactic GmbH & Co. KG wurde aus einem Forschungsprojekt der Universität Freiburg gemeinsam mit mehreren Firmen, ein Produkt für die Sekundarstufe 2 an allgemeinbildenden Schulen.

kunden mit ein, die neuen Produkte gegenüber aufgeschlossen sind. Deren Rückmeldungen werden bei der Produktentwicklung berücksichtigt.

Heute beschleunigt das Internet den Dialog zwischen Produzent und Konsument noch mehr. 2006 prägte Jeff Howe vom Wired Magazine die neue Wortkombination „Crowdsourcing". Ein Produzent stellt eine Innovationsidee ins Internet und alle Interessierten können eine Rückmeldung zu dieser Idee geben. Indem viele Nutzer in ein Entwicklungsprojekt mit einbezogen werden, können Produkte schneller und kundennäher auf den Markt gebracht werden. Die Möglichkeiten gehen heute soweit, dass die Grenze zwischen Konsument und Produzent verschwindet und der sogenannte Prosument die Produkte entwickelt und nutzt.

Eine weitere Möglichkeit, wie große Aufgaben von einer „kollektiven Intelligenz" bearbeitet werden können, sind Wettbewerbe. Ein Beispiel dafür ist der amerikanische Wettbewerb „Ansari X-Prize", der 1996 mit 10 Millionen Dollar Preisgeld ausgeschrieben wurde. Die Wettbewerbsaufgabe war, ein Raumfahrzeug zu konstruieren, das innerhalb von zwei Wochen zweimal eine Höhe von mindestens 100 km erreichen sollte. 26 Teams nahmen teil und als Ergebnis entstand 2004 das erste privat finanzierte Raumfahrzeug.

Bionische Innovationen entstehen im Dialog vieler Beteiligter. Dabei arbeiten Wissenschaftler und Fachleute unterschiedlicher Fachgebiete und Unternehmen zusammen. Interdisziplinäre Teams sind breit aufgestellt und haben in ihrer Vielfalt das Potenzial, Innovationen zu schaffen. Bei der Produktentwicklung bietet das Internet die Möglichkeit, dass die Ideen und Anregungen vieler eingeholt werden, um Produkte und Dienstleistungen noch besser zu machen.

Die Schwanzflosse eines Fisches biegt sich bei seitlicher Druckeinwirkung der Druckrichtung entgegen.

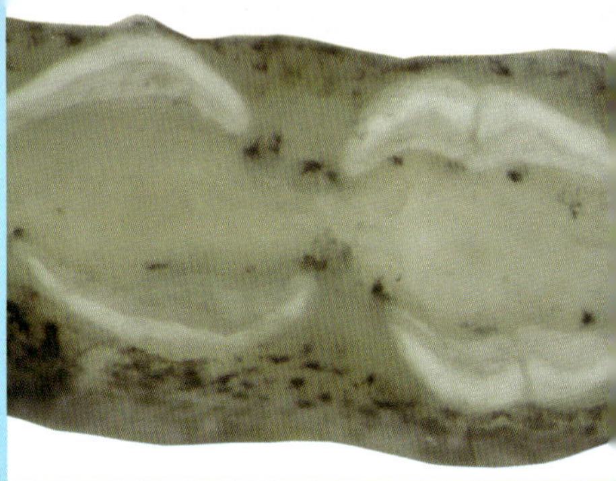

Im Querschnitt einer Forellenflosse sind die paarig Längsstrahlen der Flossenstrahlen zu erkennen.

FLOSSEN FUNKTIONIEREN ANDERS – DER FIN RAY EFFECT®

Fische haben mit ihren Flossen im Laufe ihrer Entwicklungsgeschichte einen hoch effizienten Vortriebmechanismus entwickelt. Die Schwanzflosse übernimmt bei den meisten Fischen den Hauptteil des Schwimmvortriebs durch seitliches Abschlagen des Wassers, die Brust- Bauch-, Rücken- und Afterflossen dienen überwiegend der Stabilisierung und Steuerung des Körpers. Der Aufbau der Schwanzflosse bedingt eine überraschende Eigenschaft.

Flossenstrahlen sind die tragenden Elemente von Fischflossen und bestehen jeweils aus zwei Längsstrahlen. Diese werden durch dazwischen liegendes elastisches Bindegewebe auf Abstand gehalten und sind gleichzeitig zueinander etwas verschiebbar. Der Aufbau bewirkt, dass sich Flossen bei seitlicher Druckeinwirkung nicht – wie erwartet – in Druckrichtung, sondern entgegen der Druckrichtung biegen und eine kellenförmige Gestalt annehmen. Zum Schwimmen schlagen Fische das in der Kelle der Schwanzflosse eingeschlossene Wasservolumen seitlich nach hinten ab und bewegen sich infolge des Rückstoßes nach vorne.

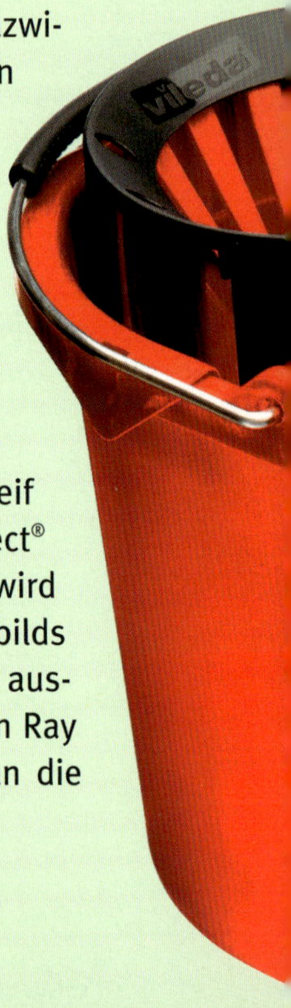

Dieser selbstadaptive Effekt der Flossendeformation wurde von Leif Kniese von der Berliner Firma EvoLogics GmbH als Fin Ray Effect® (engl. finray: Flossenstrahl) in die Technik übertragen. Damit wird eine einfache, aber effektive Abstraktion des natürlichen Vorbilds erreicht, die u.a. einen engen Formschluss mit dem den Druck ausübenden Gegenstand bewirkt. Etliche innovative Produkte mit Fin Ray Effect® wurden bereits verwirklicht: ein Stuhl mit sich selbst an die

Rückenform anpassender Stuhllehne oder ein Auswringer für einen Wischmopp, mit dem das Wasser mit deutlich geringerem Kraftaufwand ausgewrungen werden kann.

Für Bewegungen in energieffizienter Leichtbauweise hat die Firma Festo AG & Co. KG zusammen mit der EvoLogics GmbH eine Vielzahl von Studien zum Einsatz des Fin Ray Effects® in der Technik vorgestellt.

Durch den Fin Ray Effect® wird das Auswringen des Wischmops erleichtert.

Putzeimer mit Auswringeinheit SuperMocio der Firma Vileda GmbH, Weinheim

Fluidic Muscle mit freigelegten Gewebefasern

HEBEN MIT LUFT – DER FLUIDIC MUSCLE

Muskeln technisch nachzubauen war und ist eine große Herausforderung für Ingenieure. Vor allem nach dem 2. Weltkrieg stellte sich diese Frage, da der Bedarf an Handprothesen sehr hoch war und es keine zufriedenstellenden Lösungen gab. 1948 konstruierten Heidelberger Wissenschaftler die erste mit Druckluft betriebene Handprothese mit der 350 Patienten ausgestattet wurden.

Ob Elefant, Gepard oder Pinguin, Wirbeltiere haben eines gemeinsam: Ihre Bewegungen erfolgen durch das Zusammenspiel von Skelett, Muskeln und Nervensystem. Wenn sich ein Muskel aktiv zusammenzieht und verkürzt, verdickt er sich gleichzeitig. Da er sich aber nicht selbst wieder dehnen kann, übernimmt dies ein anderer Muskel, der sogenannte Antagonist.

Oberarmmuskeln im Einsatz

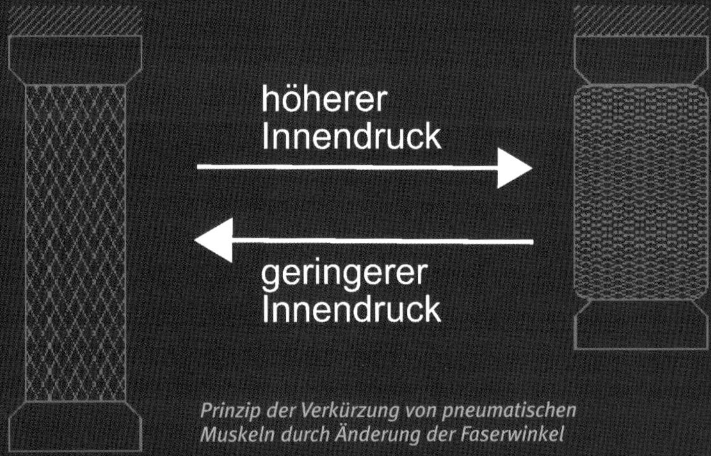

Prinzip der Verkürzung von pneumatischen Muskeln durch Änderung der Faserwinkel

Ein pneumatischer Muskel besteht aus einem mit Luft befüllbaren elastischen Dehnkörper umgeben von rautenförmig angeordneten Gewebefasern. Wird der Fluidic Muscle mit Luft befüllt, vergrößert sich sein Durchmesser und gleichzeitig verkürzt sich die ursprüngliche Länge aufgrund der Änderung der Faserwinkel. Sobald der Druck abgesenkt wird, entspannt sich der Fluidic Muscle aufgrund seiner Eigenelastizität wieder und nimmt seine ursprüngliche Form wieder an.

In den letzen Jahren gelang es der Firma Festo AG & Co. KG das Prinzip des Fluidic Muscles durch den Einsatz neuer Materialien für ein breites Anwendungsspektrum nutzbar zu machen. Oft werden bei laufenden, fliegenden und schwimmenden Robotern pneumatische Muskeln eingesetzt, weil sie menschliche bzw. tierische Bewegungen täuschend echt nachahmen können.

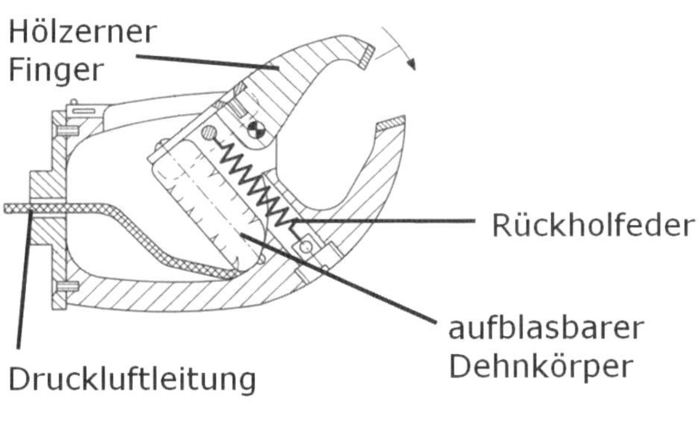

Prothesenhand des Orthopädischen Zentrums Heidelberg (1948)

HUMANOIDE ROBOTER – DER MENSCH ALS VORBILD

Dr.-Ing. Ivo Boblan | Technische Universität Berlin

Humanoide oder menschenähnliche (anthropomorphe) Roboter lassen sich nach dem heutigen Sprachgebrauch vorwiegend von der Gestalt bzw. Form (Morphologie) und den Lebensprozessen (Physiologie) des Menschen inspirieren. Bei bionisch anthropomorphen Robotern reicht das Kopieren der menschlichen Gestalt nicht aus. Man muss sich auch über die zugrundeliegenden Wirkprinzipien Gedanken machen. Hierbei beschäftigt sich die Wissenschaft mit der bionischen Umsetzung des Bewegungsapparates und den dahinter steckenden Mechanismen.

Jede Bewegung im menschlichen Körper wird von Muskeln verursacht. Die für die Fortbewegung verantwortlichen Muskeln ziehen in Gruppen gegeneinander, wodurch eine doppelwirkende Funktion hervorgerufen wird. Ziehen zwei Muskeln über eine verbindende Sehne gegeneinander am Gelenk, spricht man von einem antagonistischen Muskelpaar. Ein Beispiel hierfür ist das Ellenbogengelenk. Gerade Gelenkstrukturen mit ihren Hebelarmen und Muskel-Sehnen-Systemen sind von großem Interesse für eine Übertragung in die Technik. Eine dabei immer wieder anzutreffende Struktur ist die Positionierung der Muskeln an dem Knochen (Gelenkteil), der zum Körper hin gelegen ist (proximal). Hierdurch müssen bei einer Gelenkbewegung die Aktoren (Muskeln) selbst nicht mit bewegt werden. Das spart Gewicht und letztendlich Energie, die sich die „Maschine" Mensch erst aufwendig in Form von Nahrung besorgen und verstoffwechseln muss.

Die moderne Robotik kann vom Menschen neben der „intelligenten" Mechanik noch viel mehr lernen. Von weiterem Interesse sind Themen wie

⇠ Humanoider Muskelroboter ZAR5, ein Gemeinschaftsprojekt der Firma EvoLogics GmbH, der TU Berlin Fachgebiet Bionik und der Firma Festo AG & Co. KG. Alle Freiheitsgrade des Muskelroboters sind über einen Datenanzug steuerbar.

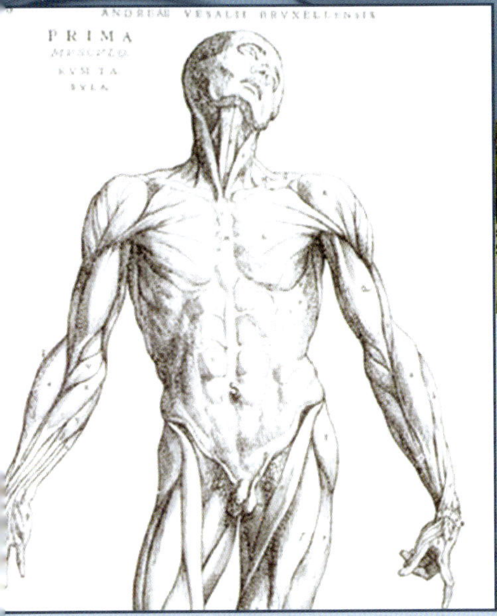

⇠ Prima musculorum tabula – Anatomisches Modell des Muskelbaus, Kupferstich 1545

Die linke Fünffinger-Hand des Humanoiden Muskelroboters ZAR5 in Reichpose

Die linke Fünffinger-Hand des Humanoiden Muskelroboters ZAR5 im Dreifingerhaltegriff eines rohen Eies

Energiespeicherung und Energierückgewinnung, Leichtbau und Leistungsgewicht, adaptives Verhalten sowie Selbst- und Fremdschutz. Die Vorteile beim Einsatz bionischer Roboter können sowohl aus inhärenten physischen Eigenschaften (Mechanik) als auch aus einem bionisch orientierten Verhalten (Steuerung) entstehen. Ein zentrales Thema bei der Konstruktion von Robotern ist das Einbringen bzw. Ausnutzen von Nachgiebigkeiten, welche passiv oder aktiv sein können. Die Kombination aus mehreren mechanischen Eigenschaften wie Nachgiebigkeit, zwangsgekoppelten Strukturen oder mechanischen Anschlägen kann zu „intelligenten“ mechanischen Strukturen führen. Diese ermöglichen eine schnelle Bewegung mit robusten Bewegungszyklen z.B. über selbststabilisierende kinematische Ketten. Verhaltensbezogene biologisch inspirierte Ansätze sind beispielsweise dezentrale Regelungsfunktionen (Reflexe), vorsteuernde Regelstrategien (Erfahrungsschatz) und adaptives Verhalten (Neuronale Netze).

Einige dieser Ansätze sind im humanoiden Muskelroboter ZAR5 verwirklicht, der in einem Gemeinschaftsprojekt der Firma EvoLogics GmbH, der TU Berlin Fachgebiet Bionik und der Firma Festo AG & Co. KG entwickelt wurde. ZAR5 verfügt bereits über sehr anthropomorphe, d.h. menschenähnliche Bewegungsabläufe und kann eine Vielzahl komplexer Bewegungen mit hoher Genauigkeit und „Feinfühligkeit“ ausführen.

Fruchtstände der Kleinen Klette (Arctium minus) und der Echten Nelkenwurz (Geum urbanum). In der Nahaufnahme sind die feinen Häkchen an den Früchten sichtbar.

KLETTVERSCHLUSS – REVERSIBLES HAFTEN OHNE KLEBSTOFF

Pflanzen sind an ihren Standort gebunden – und doch können sie mit Hilfe ihrer Samen und Früchte neue Lebensräume erobern. Klettfrüchte, die im Fell von Tieren über weite Strecken transportiert werden können, haben sich in vielen verschiedenen Pflanzengruppen entwickelt und stellen eine evolutionär sehr erfolgreiche Art der Ausbreitung dar. Klettfrüchte waren zudem Ideengeber für das vermutlich erfolgreichste bionische Produkt: den Klettverschluss.

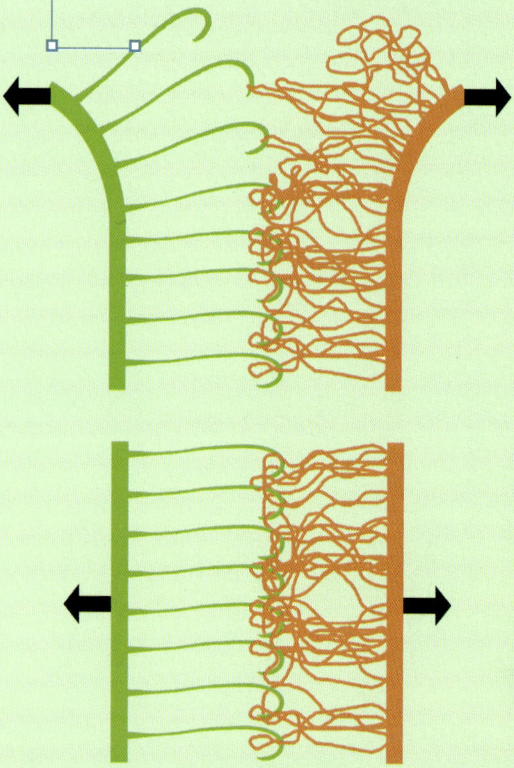

Funktionsprinzip des Klettverschlusses

Der in der Schweiz lebende Ingenieur George de Mestral unternahm mit seinem Hund oft Ausflüge in die Natur. Immer wieder blieben dabei Klettfrüchte im Fell des Hundes und in seiner Kleidung hängen, die nur schwer zu entfernen waren. Unter dem Mikroskop entdeckte de Mestral, dass die Früchte kleine elastische Häkchen besitzen, die beim Herausziehen aus Fell oder Kleidern nicht abbrechen und sich vielfach wieder verhaken können.

Nach dem Vorbild der Klettfrüchte im Tierfell entwickelte George de Mestral einen reversiblen textilen Klettverschluss, den er 1951 unter

Nahaufnahme des Klettverschlusses mit Haken- und Flauschband

dem Warennamen Velcro® zum Patent anmeldete. Der Name setzt sich aus den französischen Begriffen velours (= Samt) und crochet (= Häkchen) zusammen. Der Klettverschluss besteht aus Haken- und Flauschband. Das Hakenband besitzt wie die Klettfrucht eine große Zahl von elastischen Häkchen. Das Flauschband entspricht dem Tierfell und besteht aus vielen feinen geschlossenen Schlingen, die sich in den Häkchen verfangen können. Inzwischen sind weitere reversible bionische Haftbänder patentiert worden, wie zum Beispiel verschiedene Pilzkopfhaftbänder mit pilzförmigen Haftstrukturen.

Klettverschluss zur Verankerung der Bodenplatten vor einem Bundesliga-Wettkampf im Geräteturnen

Viele Haie sind schnelle Jäger und haben einen stromlinienförmigen Körper, der mit Zahnschuppen bedeckt ist.

DER HAI ALS VORBILD – HAIHAUT-EFFEKT UND ANTIFOULING

Der Körper von Haien ist von Zahnschuppen bedeckt, die sich von den Zähnen im Maul ableiten lassen. Dies ist eine der Besonderheiten von Haien, die im Unterschied zu den Knochenfischen ein Knorpelskelett besitzen. Die ca. 0,5 mm kleinen dentinhaltigen Schuppen, die als Placoidschuppen bezeichnet werden, sind flexibel in der Haut gelagert, und weisen bei schnell schwimmenden Arten eine Strukturierung durch 3 – 7 parallele Rillen auf. Diese Struktur senkt den Wandreibungswiderstand beim Schwimmen und verhindert gleichzeitig den als ‚Biofouling' bezeichneten Bewuchs mit Algen, Seepocken oder anderen sessilen Meerestieren.

Die Zahnschuppen (Placoidschuppen) eines Dornhais zeigen im Mikroskop eine feine Strukturierung mit 3 Rillen parallel zur Körperlängsachse, die gleichzeitig Strömungswiderstand und Biofouling reduzieren.

Die parallele Ausrichtung der zwischen 30 – 300 µm breiten Schuppenrillen (Riblets) längs zum Körper unterbindet die Entstehung von wandnahen Strömungen quer zur Schwimmrichtung. Dadurch werden Scherspannungen verhindert und der Reibungswiderstand verringert – der Hai spart also Energie beim Schwimmen. Der Antifouling-Effekt basiert auf der Kombination von Struktur und Flexibilität der Schuppenhaut. Die Rillen vermindern die

Das Fraunhofer Institut IFAM hat einen von der Haihaut inspirierten kratzfesten Strukturlack entwickelt, der den Reibungswiderstand und damit den Treibstoffverbrauch von Schiffen oder Flugzeugen reduzieren kann.

An der Universität Florida/USA ist eine künstliche Haihaut (Sharklet AF™) entwickelt worden, die den Bewuchs von Algen und Seepocken stark reduziert.

Kontaktfläche für marine Algen oder Seepocken bzw. deren Klebstoff, und die Nachgiebigkeit der Haut erzeugt ein dynamisches System, welches die Besiedelung zusätzlich erschwert und zugleich eine Selbstreinigung beim Schwimmen bewirkt.

Strömungsoptimierte künstliche Haihaut-Oberflächen wurden in den 1990iger Jahren von Wolf-Ernst Reif, Universität Tübingen, und Dietrich Bechert, DLR Berlin, untersucht. Nach Strömungsversuchen an Modellen der Haihaut mit bis zu 10 % verringerter Wandreibung entwickelten sie vereinfachte Riblet-Klebefolien. Diese erzielten im Flugzeugtest zwar eine Reduktion des Strömungswiderstands, waren aber aus anderen Gründen, wie komplizierte Beklebung und schnelle Alterung, wirtschaftlich nicht rentabel. Die aktuelle Entwicklung eines UV-härtenden, kratzfesten Lackes vom Fraunhofer Institut IFAM in Bremen scheint mit einer Reduktion des Reibungswiderstands von 5-6 % wirtschaftlicher. Die leistungssteigernde Wirkung der von der Haihaut inspirierten Profi-Schwimmanzüge der Firma Speedo Ldt. basiert vermutlich hauptsächlich auf anderen Effekten. Als ungiftige Antifouling-Beschichtung für Unterwasserkörper wurde in Deutschland in Kooperation zwischen der Hochschule Bremen und Voss-Chemie GmbH eine Silikonfarbe entwickelt und unter dem Markennamen ‚Haifischhaut' auf dem Markt eingeführt. An der University of Florida/USA ist ein hierarchisch strukturiertes Elastomer (Sharklet AF™) entwickelt und patentiert worden, das effektiv gegen Algen- und Meerestierbewuchs schützt.

Bei konsequenter Umsetzung der Haihaut-Effekte könnten in der Schiff- und Luftfahrt mehrere Millionen Tonnen Treibstoff pro Jahr eingespart, sowie die Belastung der Meere durch giftige Antifouling-Schutzanstriche stark reduziert werden.

Die Lotusblume ist das Sinnbild der Reinheit und Vorbild für selbstreinigende technische Oberflächen.

„REINLICHKEIT IST EINE ZIER …" – SAUBER WIE EIN LOTUSBLATT

Bei vielen Pflanzen fällt bei Regen oder beim Gießen auf, dass Wasser in Form kugelrunder Tropfen von den Blättern abperlt und diese vollständig trocken zurücklässt. Ein besonders beeindruckendes Beispiel ist die Lotusblume. Mit den abperlenden Wassertropfen wird aber zugleich jeglicher Schmutz von den Blättern entfernt, denn er haftet besser an den Wassertropfen als an den Blattoberflächen.

Der Grund liegt in der strukturierten und wasserabweisenden Natur der Oberflächen. Es handelt sich um Nanostrukturen aus Wachsen, die wiederum auf zu Papillen geformten Zellen aufliegen. Der Wassertropfen kann aus energetischen Gründen die Oberfläche nicht benetzen, kugelt sich ab und berührt die Oberfläche nur an wenigen Punkten. Ebenso haften die Schmutzpartikel nur an wenigen Auflagepunkten an der Oberfläche. Sie werden beim Abrollen vom Tropfen aufgenommen und vom Blatt entfernt. Das Blatt wird so nicht nur von Schmutz, sondern vor allem auch von schädlichen Mikroorganismen und Pilzsporen gereinigt.

Die Epidermispapillen auf der Blattoberfläche der Lotusblume sind mit einem dichten Belag von Wachsröhrchen überzogen.

Der rote Farbstoff Sudan III wird durch Wassertropfen in der Mitte des Blattes gesammelt und mit dem ablaufenden Wasser rückstandsfrei entfernt.

Um vergleichbare Eigenschaften in der Technik zu verwirklichen, müssen also die Mikro- und Nanostruktur der Blätter, sowie die wasserabweisenden Eigenschaften der Wachse übertragen werden. Das ist mittlerweile in einigen Produkten gelungen, wie beispielsweise der Fassadenfarbe Lotusan® der Sto AG oder dem Tegotop® 210 der Evonik Industries AG, die unter dem Markennamen Lotus-Effect® vermarktet werden.

Die erfolgreiche technische Umsetzung der Selbstreinigung in eine Fassadenfarbe

Himmelblauer Zwergtaggecko (Lygodactylus williamsi)

IMMER AN DER WAND LANG – HAFTEN MIT HÄRCHEN

Wer am Abend im Mittelmeerraum oder in den Tropen die Hauswand oder Zimmerdecke absucht wird sie regelmäßig sehen: Geckos. Ob senkrecht oder über Kopf hängend bewegen sie sich sicher und schnell auf der Jagd nach Insekten. Aber auch Spinnen, Käfer, Fliegen oder Schaben besitzen die Fähigkeit, sich auf praktisch jeder Oberfläche festhalten zu können.

Die Adhäsion, d.h. die dieser faszinierenden Fähigkeit zugrunde liegende Haltekraft, ist von vielen Faktoren abhängig, wobei die Kontaktfläche, bzw. deren Umfang eine entscheidende Rolle spielt. Prinzipiell gilt: je größer die Umrisslinie, desto stärker die Adhäsion. Daher finden sich an den Füßen von Geckos oder Insekten feinste Härchen, die sich jeder Oberflächenstruktur anpassen. In Verbindung mit einem dünnen Flüssigkeitsfilm entwickeln Millionen Nano-Haftpunkte mit einem riesigen Umfang eine entsprechend große Haltekraft.

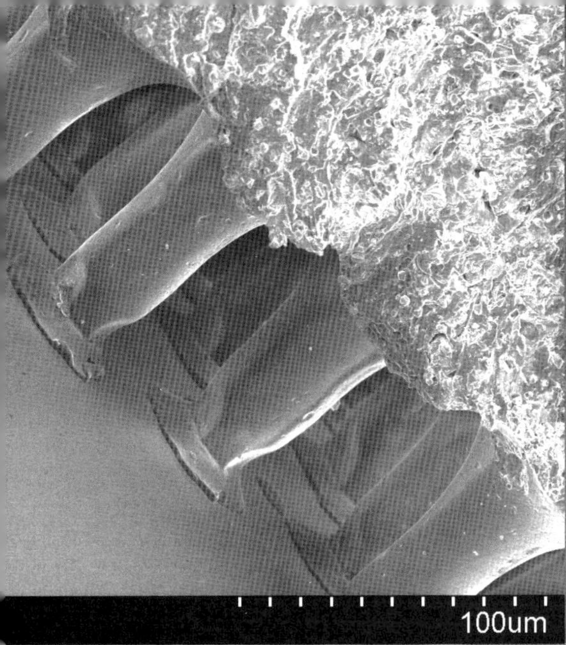

Technische Umsetzung der feinen Hafthärchen von Geckos oder Insekten

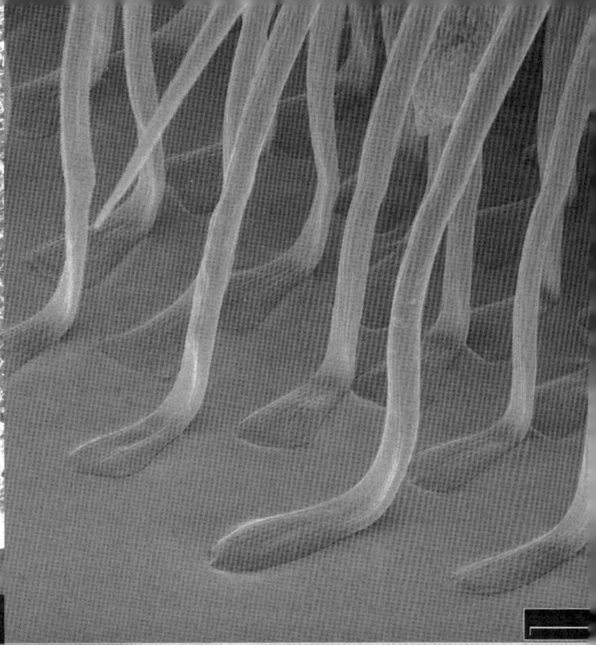

Die feinen Haare an den Tarsen des Blattkäfers Gastrophysa viridula. Das elastische Material passt sich feinsten Oberflächenstrukturen an und erzeugt so eine große Haftkraft.

Während das traditionelle Kleben seit langem technisch genutzt wird, ermöglicht es die moderne Materialforschung erst seit Kurzem, präzise Strukturen auf der Mikro- und Nanometerebene großflächig zu erzeugen. Damit wurden erste Prototypen hergestellt, die vergleichbare Eigenschaften wie Geckos oder Insekten zeigen, aber noch deutlich von deren Effizienz entfernt sind.

Bei dynamischen Prozessen wie Laufen, Schwimmen oder Fliegen sind Lebewesen den technischen Systemen immer noch überlegen. Die intensive Forschung an Geckos, Käfern oder Fliegen erlaubt jedoch einen vorsichtig optimistischen Ausblick auf bionische Haftsysteme, die reversibel sind und immer wieder verwendet werden können.

⇠ Prototyp einer Haftfolie getestet in der Arbeitsgruppe von Stanislav Gorb, Universität Kiel. Die Haftkräfte sind schon erstaunlich hoch, beim wiederholten Haften und Enthaften sind die natürlichen Vorbilder Geckos oder Insekten dem technischen Analogon aber noch überlegen.

Komplexaugen des Roten Ordensbandes (Catocala nupta) und Detail der Komplexaugen, das die einzelnen Ommatidien zeigt.

„SCHAU MIR IN DIE AUGEN, KLEINES" – ENTSPIEGELUNG NACH DEM VORBILD MOTTENAUGE

Die Augen vieler nachtaktiver Schmetterlinge besitzen eine Oberflächenstruktur, die die optischen Eigenschaften ihrer aus vielen Einzelaugen (Ommatidien) bestehenden Komplexaugen verbessert. Die Hornhaut (Cornea) der Ommatidien ist mit winzigen konischen Noppen bedeckt, die typischerweise einen Durchmesser von 100 bis 200 Nanometer besitzen. Diese Noppen führen dazu, dass kaum Licht reflektiert wird und die Lichtausbeute erhöht wird. Hierdurch sehen die Tiere im Dunkeln besser und die Augen sind durch die fehlende Reflexion weniger auffällig.

Durch den Mottenaugeneffekt werden Brillengläser nicht nur entspiegelt und lichtdurchlässiger, sie sind durch die Nanostrukturierung zudem besser zu reinigen („Easy-to-clean-Effekt").

Die Entspiegelung funktioniert, weil die Noppen kleiner sind als die Wellenlänge des sichtbaren Lichts (ca. 380-780 nm) und somit unterhalb der Auflösungsgrenze liegen. Da sich der Noppendurchmesser zudem nach oben hin verringert, gibt es keine klar definierte Grenzfläche zwischen Luft und Augenoberfläche, der Brechungsindex ändert sich allmählich und Spiegelungen werden verhindert.

Konische Nano-Noppen auf der Oberfläche der Komplexaugen des Roten Ordensbandes (Catocala nupta) in unterschiedlicher Vergrößerung

Verschiedenen Forschergruppen ist es gelungen den „Mottenaugeneffekt“ auf technische Oberflächen zu übertragen, diese dadurch (weitestgehend) zu entspiegeln und den Lichtdurchtritt zu erhöhen. Im bekanntesten Herstellungsverfahren werden durch die Überlagerung von zwei Laserstrahlen feinste Streifenmuster erzeugt und durch Drehung der Laser um 90° können Nanostrukturen hergestellt werden, die den Noppengrößen des Mottenauges entsprechen. Über lithographische Verfahren kann dann ein nanostrukturierter Prägestempel hergestellt werden, mit dem das Muster auf Folien aufgeprägt wird.

Nach dem „Mottenaugeneffekt“ entspiegelte Oberflächen finden sich heute unter anderem auf Computerdisplays und Fernsehbildschirmen.

Verwendung finden diese bio-inspirierten nanostrukturierten Oberflächen überall dort wo Spiegelungen unerwünscht sind und/oder der Lichtdurchtritt optimiert werden soll. Beispiele sind Computerdisplays, Fernsehbildschirme, Solarkollektoren, optische Linsen und Brillengläser. Durch die Nanostrukturierung ergeben sich zudem antistatische und schmutzabweisende Effekte, was für viele dieser Oberflächen höchst wünschenswert ist.

Blüte der Lotuspflanze (Nelumbo nucifera), die über selbstreinigende Laubblätter verfügt.

VON DER NATURBEOBACHTUNG ZUM INNOVATIVEN BIONISCHEN PRODUKT – VORGEHENSWEISE IN DER BIONIK

Prof. Dr. Thomas Speck | Universität Freiburg

Das Wort Bionik leitet sich von den Begriffen Biologie und Technik her, wodurch bereits eine Definition der Forschungsrichtung gegeben ist. Unter Bionik versteht man die Umsetzung von Erkenntnissen aus der biologischen Forschung in technische Anwendungen. Es handelt sich hierbei nicht um eine direkte Übertragung, sondern um ein kreatives Umsetzen in die Technik, das heißt um ein von der Natur angeregtes „Neuerfinden". Bionik ist interdisziplinär: Biologen arbeiten eng mit Ingenieuren, Architekten, Physikern, Chemikern oder Materialforschern zusammen.

Beim bionischen Arbeiten können zwei Vorgehensweisen unterschieden werden, die man als „Bottom-Up-Prozess" (Biology Push) und „Top-Down-Prozess" (Technology Pull) bezeichnet. Beide Vorgehensweisen besitzen in der Bionik eine vergleichbare Bedeutung.

Bottom-Up-Prozess

Beim „Bottom-Up-Prozess" der Bionik stehen für die Technik interessante Ergebnisse aus der biologischen Grundlagenforschung am Anfang. Die Weiterentwicklung in ein neuartiges bionisches Produkt erfolgt in enger Kooperation von Biologen und Ingenieuren. Zunächst muss die Funktionsweise des biologischen Vorbilds untersucht und verstanden sein. Danach folgt die Abstraktion, das bedeutet das Loslösen vom biologischen Vorbild. Die technische Umsetzung beginnt mit dem Bau von Demonstratoren und Prototypen. In Zusammenarbeit mit Firmen werden die bionischen Produkte weiterentwickelt und auf dem Markt eingeführt. Ein Beispiel für den „Bottom-Up-Prozess" ist die Fassadenfarbe Lotusan®.

„Bottom-Up-Prozess" der Bionik (Biology Push) am Beispiel der Entwicklung der Fassadenfarbe Lotusan®

„Top-Down-Prozess" der Bionik (Technology Pull) am Beispiel der Entwicklung selbstheilender Schaumbeschichtungen für pneumatische Strukturen

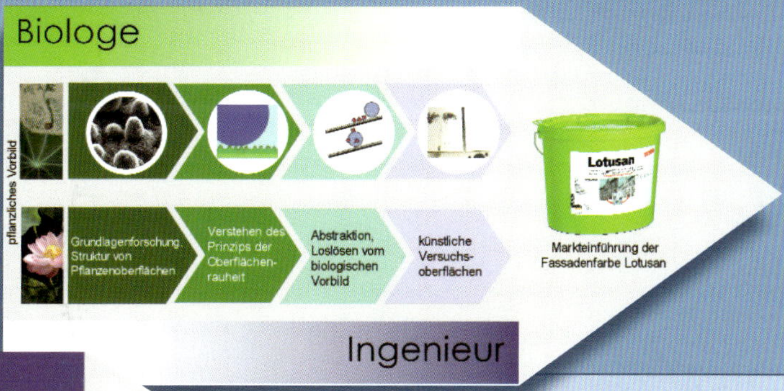

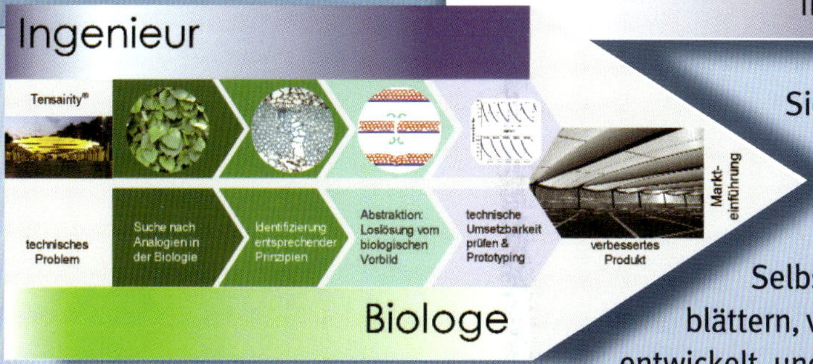

Sie wurde, basierend auf den Ergebnissen des Bonner Botanikers Wilhelm Barthlott zur Selbstreinigung bei Pflanzenblättern, von der Firma Ispo/Sto AG entwickelt und ist seit mehr als zehn Jahren im Fachhandel erhältlich.

Top-Down-Prozess

Beim „Top-Down-Prozess" der Bionik wird für bereits existierende technische Produkte nach bionischen Verbesserungen gesucht. Biologen suchen die geeignetsten biologischen Vorbilder, bei denen sich im Verlauf der Evolution „Lösungen" entwickelt haben, die als Ideengeber dienen können. Nach der experimentellen Analyse der biologischen Ideengeber erfolgt die Abstraktion. Dann überprüft der Ingenieur die technischen Umsetzungsmöglichkeiten und erste bionisch optimierte Prototypen werden gefertigt. Im Erfolgsfall schließt sich die industrielle Weiterentwicklung sowie die Markteinführung durch den Industriepartner an. Ein Beispiel für den „Top-Down-Prozess" sind selbstheilende bionische Schaumbeschichtungen für pneumatische Strukturen, wie zum Beispiel Gummiboote. Selbstheilende Materialien werden am Botanischen Garten der Universität Freiburg in Zusammenarbeit mit der EMPA Dübendorf und dem Freiburger Materialforschungszentrum entwickelt. Biologisches Vorbild sind schnelle Selbstreparaturprozesse bei Pflanzen, wie der Pfeifenwinde (*Aristolochia macrophylla*) und dem blattsukkulenten Mittagsblumengewächs *Delosperma cooperi*.

Die Bionik ist kein Allheilmittel, kann aber in vielen Technologiefeldern inspirierend und zukunftsweisend sein und ist ein bisher viel zu wenig genutztes Mittel, um technische Innovationen zu schaffen.

Feld mit Klatschmohn (Papaver rhoeas)

NEUER STREUER – PRÄZISE UND PATENT

Raoul Heinrich Francé, ein Münchner Biologe (1874-1943), hatte die Aufgabe bekommen, eine Bodenfläche gleichmäßig mit – wie man es damals nannte – „Kleinstlebewesen" zu beimpfen. Aber alle Streuer und Zerstäuber, die er ausprobierte, verteilten die Kleinstlebewesen nicht gleichmäßig genug. Weil er mit dem Ergebnis nicht zufrieden war, suchte er in der Natur nach Vorbildern und fand die Mohnkapsel.

Jede Mohnkapsel ist mit einer Vielzahl von Samen gefüllt. Sobald die auf einem langen Stängel sitzende reife Mohnkapsel durch Wind oder Berührung bewegt wird, werden die Samen durch kleine Poren am oberen Ende der Kapsel herausgeschleudert und gleichmäßig auf der Erde verteilt.

In seinem Werk „Die Pflanze als Erfinder" schildert Francé: "... *Ich zeichnete einen Streuer für Salz, für Puder und sonst medizinische Zwecke nach dem Modell der Mohnkapsel und meldete das als Erfindung zum Musterschutz an. Man hat mir den Schutz nicht bestritten; eine Erfindung war gemacht. Nach kurzem*

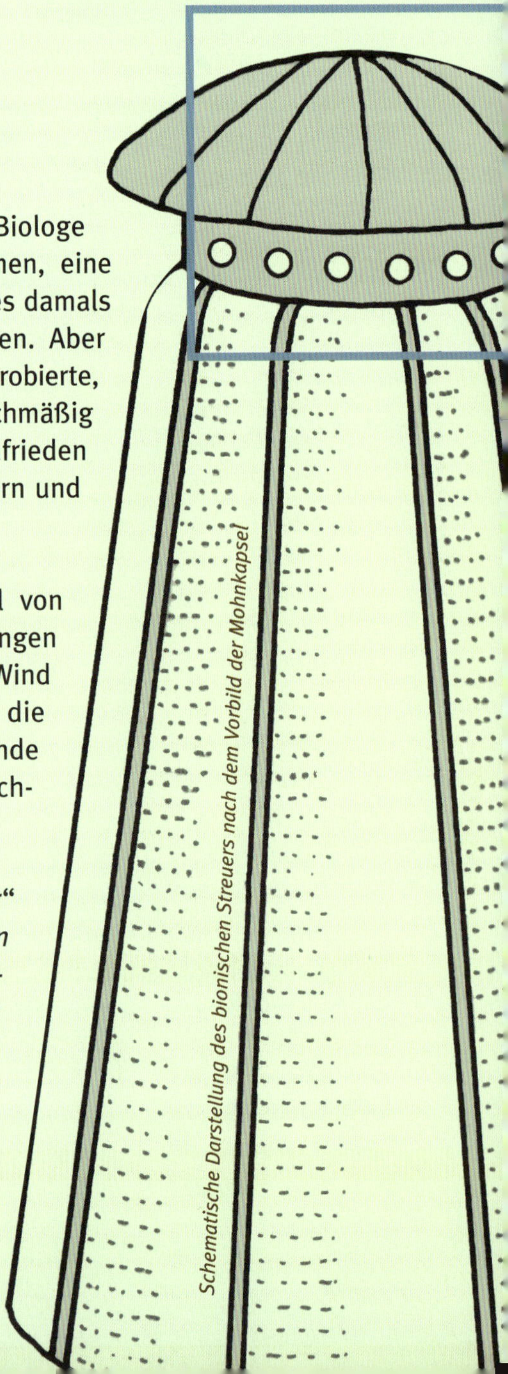

Schematische Darstellung des bionischen Streuers nach dem Vorbild der Mohnkapsel

erhielt ich das vom Patentamt bestätigt unter Nr. 725730.“ Soweit heute bekannt, wurde der 1919 patentierte Streuer aber nie hergestellt.

Die weite Verbreitung von Salzstreuern im Haushalt wurde erst durch die 1911 vom amerikanischen Salzhersteller Morton Salt entwickelte Rieselfähigkeit des Salzes möglich. Vorher wurden Erfindungen gemacht, die entweder das Kleinmahlen der Salzklumpen am Tisch ermöglichten oder das Verklumpen des Salzes verhinderten.

Mohnkapsel

Osagedorn (Maclura pomifera) mit Dornen

STACHELDRAHT – BEWEHRT WIE DIE PFLANZEN

Pflanzen verteidigen sich gegen pflanzenfressende Tiere unter anderem durch Dornen und Stacheln. Ein solcher dorniger Baum ist der Osagedorn (*Maclura pomifera*). Sein ursprüngliches Verbreitungsgebiet liegt im Süden der USA. Hier siedelte der Indianerstamm der Osage, nach dem der Baum benannt ist. Die Indianer und frühe amerikanische Farmer nutzten diese Pflanzen als Hecken, um Rinderweiden einzuzäunen.

Nach dem Vorbild der dornigen Äste des Osagedorns erfand und patentierte der Amerikaner Lucien B. Smith 1867 den ersten Stacheldraht aus Draht und daran befestigten angespitzten Holzteilchen. Als Durchbruch des Stacheldrahts gilt allerdings das Jahr 1873. In diesem Jahr patentierte Joseph F. Glidden einen Stacheldraht, der nur aus Metalldrähten bestand und damit wesentlich einfacher und billiger herzustellen war.

Sammlung verschiedener Stacheldrähte

Stacheldraht

Die Erfindung des Stacheldrahts hatte große ökonomische und soziale Auswirkungen. Eine Folge der Verbreitung des Stacheldrahts war die zunehmende Arbeitslosigkeit der Cowboys. Statt wie früher die Viehherden durch das offene Weideland zu treiben, stärkten sie nun den zweifelhaften Ruf des „Wilden Westens“.

Stacheldraht als Weidezaun oder Übersteigschutz ist besonders gefährlich für Wild- und Nutztiere. Heute setzt man in vielen Gebieten wieder vermehrt auf Gebüschzonen. Hier schließt sich der Kreis, denn die dornigen Bäume des Osagedorns wurden vor der Erfindung des Stacheldrahts als Hecken gepflanzt, um Rinderweiden zu umfrieden. Dies zeigt auch, dass nicht alle bionischen Entwicklungen einen Vorteil für die Umwelt bringen.

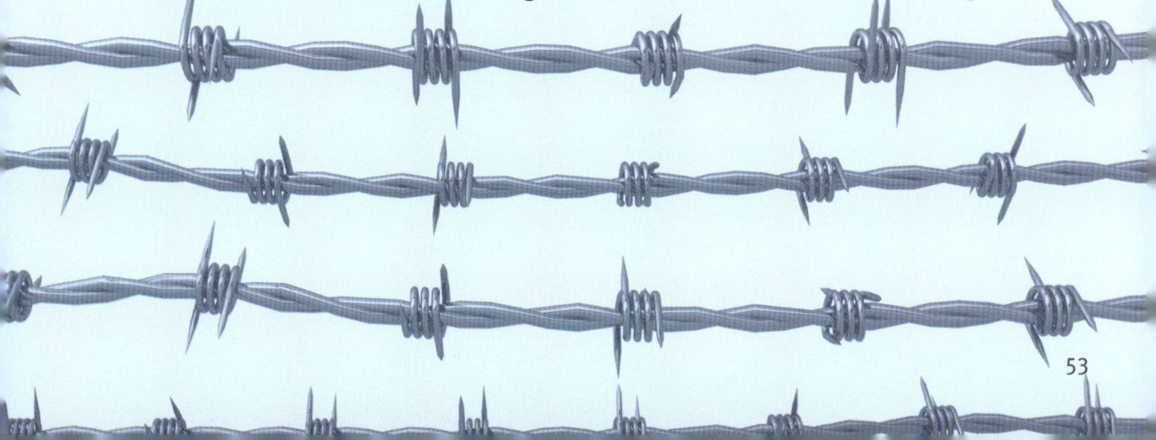

Verschiedene Stadien der Entfaltung eines Hainbuchenblattes (Carpinus betulus)

FALTSTRUKTUREN – FALTEN MACHEN SCHÖN STABIL

Falten findet man in Natur und Technik wohin man schaut. Sie haben vielfältige Funktionen, sind aber aus mechanischer Sicht immer notwendig. Blätter müssen beispielsweise mechanisch stabil sein sowohl gegenüber ihrem eigenen Gewicht als auch gegenüber zusätzlichen Wind-, Regen- oder Schneelasten. Diese Stabilität wird, vor allem bei großen Blättern, oft durch Faltungen erreicht. Dabei muss die lichtaufnehmende Fläche der Blätter genügend groß bleiben, damit Fotosynthese in ausreichendem Maße stattfinden kann.

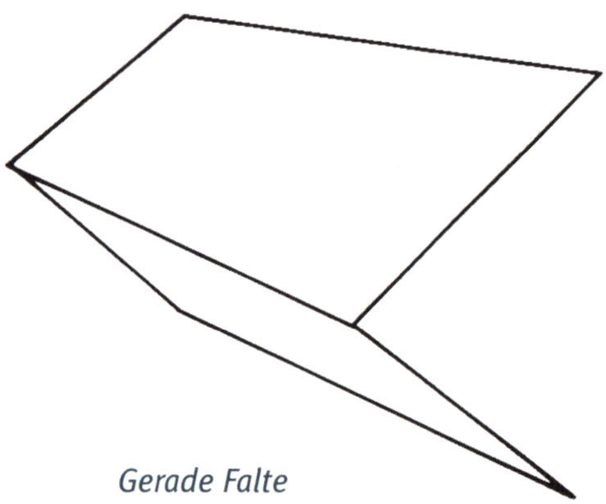

Gerade Falte

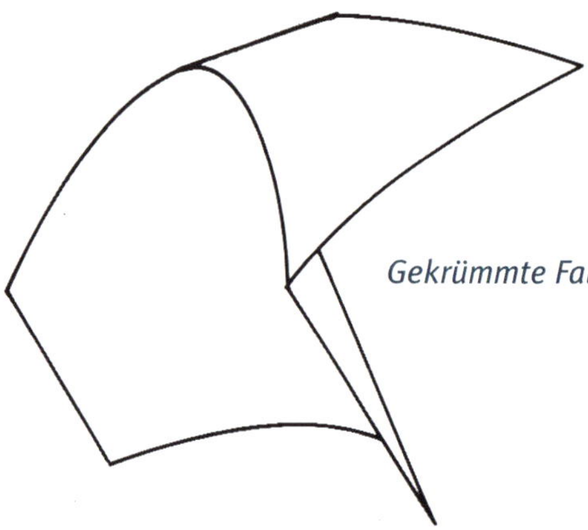

Gekrümmte Falte

Falten haben verschiedene Funktionen: Falten sparen Platz, bieten Schutz und ändern die mechanischen Eigenschaften eines Materials. Grundsätzlich unterscheidet man zwischen geraden und gekrümmten Falten sowie zwischen ein- und zweidimensionaler Faltung. So können zusammenhängende Faltsysteme entstehen, deren Falten und Flächen sich gegenseitig beeinflussen.

Blatt einer Fächerpalme

Obwohl die systematische Erforschung von Faltstrukturen der Natur für bionische Anwendungen erst am Anfang steht, kennt man schon einige erfolgreiche Beispiele. Nach dem Vorbild der Insektenflügel wurden faltbare Sitzmöbel entwickelt, die in der Ausgangslage komplett flach sind und mit wenigen Handgriffen zusammengefaltet werden können. Inspiration für das bewegliche Dach des Pavillons von Venezuela auf der Expo 2000 in Hannover waren die Falt- und Bewegungsmuster von Blütenblättern.

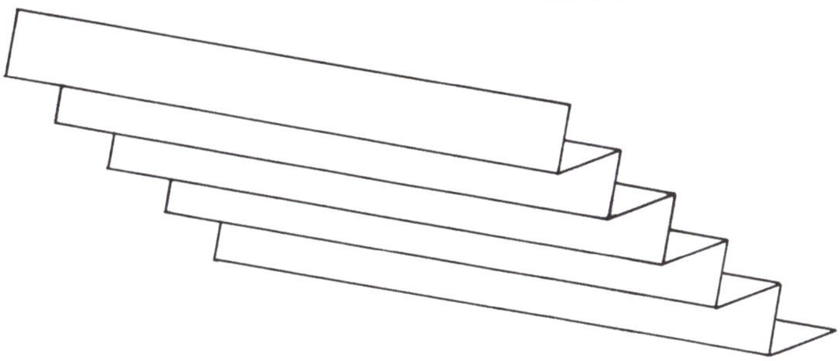

Eindimensionale Faltung

Zweidimensionale Faltung

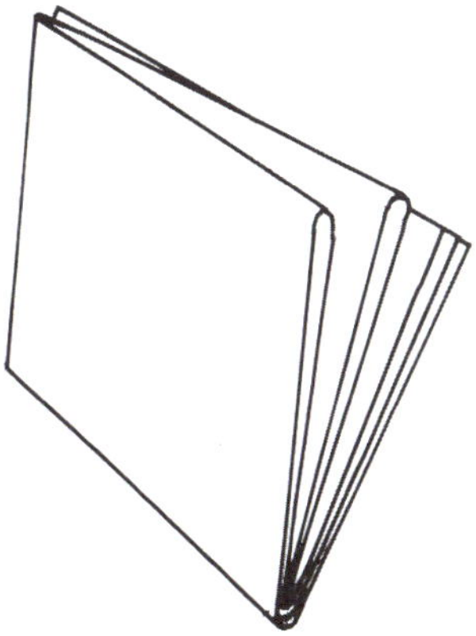

Technische Produkte mit Faltstrukturen zeichnen sich durch längere Lebensdauer, höhere Stabilität und nachhaltigen Einsatz von Rohstoffen aus.

Blüte der Königin der Nacht (Selenicereus grandiflorus)

Offene Fangblätter der Venusfliegenfalle (Dionaea muscipula)

VENUSFLIEGENFALLE UND KÖNIGIN DER NACHT – ÖFFNEN UND SCHLIESSEN

Ein häufig auftretendes Problem beim Einführen von Kabeln in Schaltschränke liegt darin, dass die großen Stecker nicht zusammen mit dem Kabel durch die kleinen Öffnungen passen. Um eine gute Abdichtung gegen Staub und Wasser zu erreichen, sind die Kabeldurchführungen meist dicht schließende Klemm- oder Schraubvorrichtungen. Sie gewährleisten zwar gute Abdichtung, machen die Durchführung der Kabel aber zeitaufwändig und teuer, da es lange dauert die Vorrichtungen zu öffnen und wieder zu schließen.

Als Vorbild für neue Kabeldurchführungen diente die Königin der Nacht, eine kletternde Kakteenart. Der Blütendurchmesser vergrößert sich beim Aufblühen sehr stark. Dies ist die Voraussetzung für eine neuartige Struktur, die es erlaubt, Kabel mit Steckern durchzuführen. Als zweiter Ideengeber fungierten die bistabilen Fangblätter der Venusfliegenfalle. Sie klappen nach Berührungsreizen in einer Zehntelsekunde zu und können dabei das darauf krabbelnde Beuteinsekt einklemmen und festhalten.

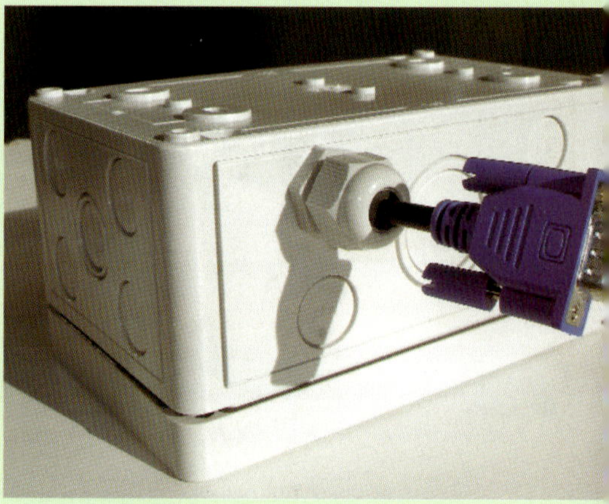

Konventionelle verschraubte Kabeldurchführung

Die unterschiedlichen Öffnungs- und Schließprinzipien wurden von Biologen des Botanischen Gartens Freiburg und Ingenieuren der Firma

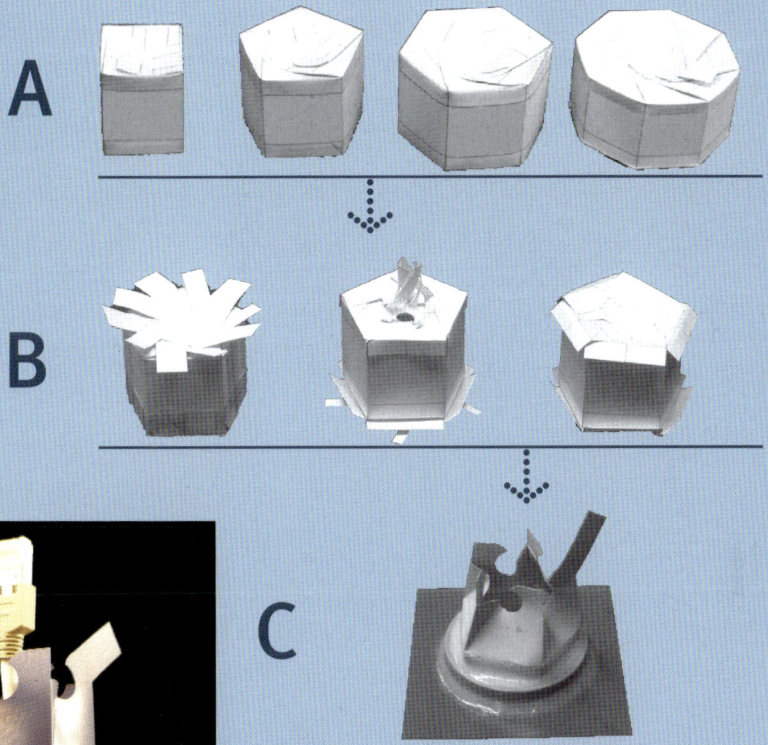

Erste Funktionsmodelle aus Papier für eine bionische Kabeldurchführung mit Falt- und Klappmechanismus

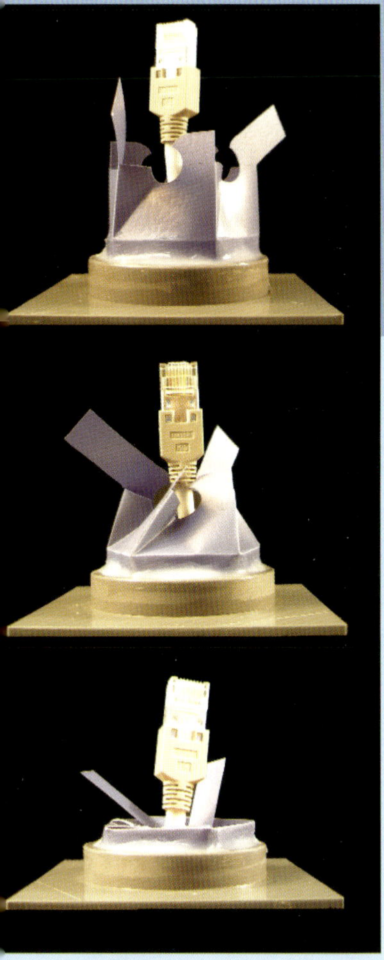

Demonstrator einer bionischen Kabeldurchführung mit Falt- und Klappmechanismus

Rittal GmbH & Co. KG technisch umgesetzt. Dies führte zu Demonstratoren einer bionischen Kabeldurchführung mit einem bistabilen Falt- und Klappmechanismus. Sie erlaubt es, aufgrund ihrer veränderlichen Öffnung, Kabel zusammen mit Steckern schnell durchzuführen, diese stabil zu verklemmen und das Gehäuse staubdicht zu verschließen.

Obwohl bisher nur als Demonstrator umgesetzt, zeigen die neuartigen Kabeldurchführungen, dass Bewegungen von Pflanzen – auch wenn sie weniger auffällig als die von Tieren sind – wichtige Impulse für neuartige Entwicklungen liefern können.

BIONISCHE OPTIMIERUNGSMETHODEN – EVOLUTIONSSTRATEGIE

Dr. Michael Herdy | INPRO GmbH

Alle Pflanzen und Tiere haben sich im Laufe von meist sehr langen Zeiträumen zu den Arten entwickelt, die heute von uns bewundert werden können. Dabei kam und kommt fortwährend noch immer eine sehr effiziente „Optimierungsmethode“ zum Einsatz: die biologische Evolution. Ein Optimierungsziel im Sinne einer technischen Optimierung gibt es dabei allerdings nicht. Alle Nachkommen unterscheiden sich ein wenig von ihren Eltern. Diejenigen Nachkommen, die in der aktuellen Umwelt besser zurechtkommen, d.h. besser angepasst sind, haben eine größere Chance, wiederum Nachkommen zu haben. Das kann zum Beispiel eine etwas bessere Wasserspeicherung bei einer Wüstenpflanze sein oder eine etwas bessere Nahrungsverwertung bei fleischfressenden Pflanzen (Karnivoren). Jede Art ist durch ein bestimmtes Aussehen und spezifische Eigenschaften gekennzeichnet, die ein erfolgreiches Überleben im von ihr besiedelten Lebensraum sichern.

Im Tierreich sind im Laufe der Evolution „Messinstrumente“ entstanden, die aus physikalischen Gründen nicht genauer herstellbar wären. Dazu gehört z.B. das menschliche Auge, das bereits ein einzelnes Photon registrieren kann. Bei 10 Photonen pro Sinneszelle ist schon eine bewusste Wahrnehmung möglich. Ähnlich verhält es sich mit dem „Messgerät“ Nase. Schon ein einzelnes Molekül einer „duftenden“ Substanz ist detektierbar und bei wenigen Molekülen kann ein Hund mit seiner sehr empfindlichen Nase schon auf einen Geruch reagieren. Die Übertragung der offensichtlich recht raffinierten Optimierungsmethode der biologischen Evolution in die Technik wurde vor etwa 50 Jahren durchgeführt und als Evolutionsstrategie bezeichnet. Begründer der Evolutionsstrategie waren Ingo Rechenberg und Hans-Paul Schwefel an der TU Berlin. Seitdem wurde sie von vielen Wissenschaftlern immer weiter verbessert. Wie bei der biologischen Evolution gibt

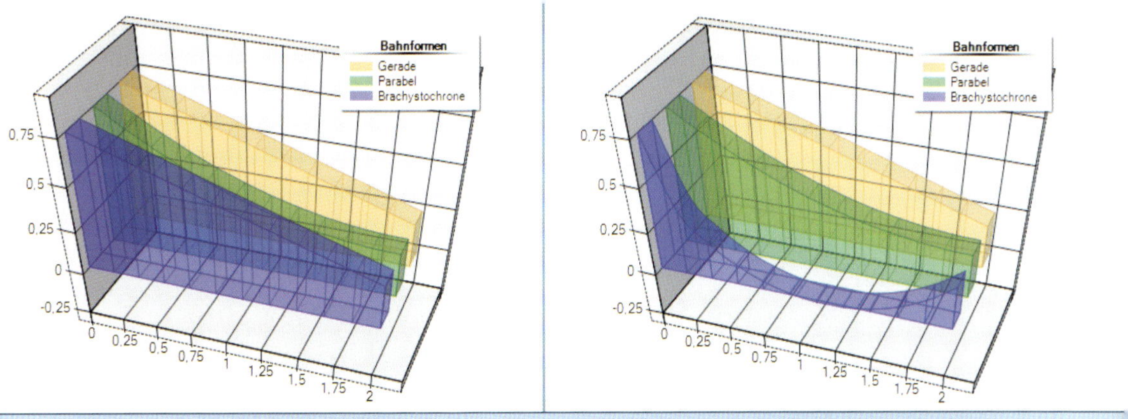

Die benötigte Zeit auf der geraden „Elternbahn" (gelb) beträgt 1,316 s und auf der parabelförmigen Bahn (grün) 1,068 s. Für die zu optimierende Bahnkurve (blau) wird in der Evolutionsstrategie in Generation 0 (linkes Bild) mit einer Gerade begonnen. Im rechten Bild ist die optimierte Bahn zu sehen. Nach 162 Generationen benötigt die Kugel nur noch 0,857 s vom Start bis zum Ziel. Zu einer identischen Bahnform gelangt man auch mit herkömmlichen analytischen Methoden.

es auch bei der Evolutionsstrategie Nachkommen, die sich von ihren Eltern etwas unterscheiden. Die besten Nachkommen einer Generation sind nun im Falle der technischen Optimierung diejenigen, die einem – anders als in der Biologie – vorgegeben Ziel am ehesten entsprechen. Die so selektierten Nachkommen bilden dann die Eltern der nächsten Generation. Ausgehend von diesen Eltern werden durch Variation wieder unterschiedliche Nachkommen generiert und der Prozess der Selektion beginnt von vorn.

Anwendungsbeispiel

Schon viele Optimierungen mit den unterschiedlichsten Zielen wurden bis jetzt durchgeführt. Solche Ziele waren z.B. Kaffemischungen mit einem vorgegebenen Markenkaffeegeschmack, Brücken mit einem möglichst niedrigen Gewicht, kürzeste Reiserouten oder Formeln, die ein experimentelles Ergebnis möglichst gut beschreiben.

Das folgende Beispiel zeigt die Optimierung einer Kugelbahn. Von einem festen Startpunkt aus soll eine Kugel zu einem vorgegebenen Zielpunkt rollen. Wie muss die Bahn geformt sein, damit dies in möglichst kurzer Zeit geschieht? Eine ähnliche Frage hatte Johann Bernoulli schon 1696 seinen Mathematikerkollegen gestellt; aus den Antworten entstand dann die sogenannte Variationsrechnung. Aber auch mit der Evolutionsstrategie lässt sich die Antwort finden. Die Bahn wird im Beispiel an fünfzehn Stellen verstellbar gestaltet. Ausgehend von einer geraden „Elternbahn" werden in jeder Generation 10 Nachkommen generiert, die sich mit ihren unterschiedlichen Bahnformen etwas von der Elternbahn unterscheiden. Die schnellste „Nachkommenbahn" wird Elternbahn der nächsten Generation. Dies wird solange wiederholt, bis keine Verbesserung mehr erzielbar ist. Das Programm für die Kugelbahnoptimierung mit Hilfe der Evolutionsstrategie ist im Internet unter bionik-online.de frei zugänglich. Hier finden sich noch weitere Lehr- und Lernmodule zur Bionik.

Astgabeln (Zwiesel) haben eine spannungsoptimierte Kerbkontur.

FORMOPTIMIERTE BAUTEILE – WACHSEN WIE BÄUME

Die Wuchsform von Bäumen war Ideengeber für die Entwicklung von Methoden zur Formoptimierung technischer Bauteile, die bei geringem Materialeinsatz hoch beanspruchbar sind. Besonders hohen mechanischen Belastungen sind Bäume an Astgabeln ausgesetzt: diese müssen neben dem Eigengewicht der beiden Stämmlinge (Äste) vor allem den darauf wirkenden Windlasten standhalten. Die Verzweigungsstelle ist eine Kerbe, die aufgrund der dort auftretenden Kerbspannungen eine lokale Schwachstelle darstellt. Auf die mechanischen Belastungen reagieren Bäume lokal mit verstärktem Dickenwachstum und es entsteht eine abgerundete Kerbform der Gabelung. So werden mit wenig Materialeinsatz die Spannungen entlang der Oberfläche gleichmäßig verteilt und die Bruchgefahr sinkt. Diese spannungsoptimierte Kerbkontur kommt vielfach in der Natur vor, z.B. auch am Übergang zwischen Baumstamm und Wurzeln, bei Blattadern oder bei Fischgräten.

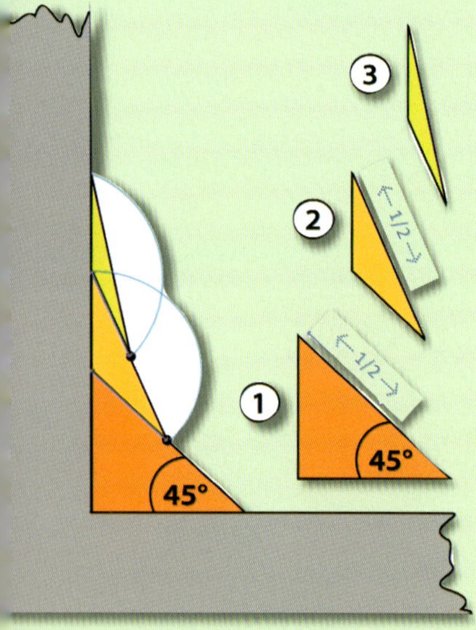

Methode der Zugdreiecke als grafische Lösung für formoptimierte Bauteile

Mit dem Computerprogramm CAO (Computer Aided Optimization) gelang es dem Physiker Claus Mattheck und Mitarbeitern am Karlsruher Institut für Technologie, das Prinzip der Baumkerbe auf technische Bauteile zu übertragen. Im Computer wird an hoch belasteten Kerbbereichen so lange Material angelagert, bis eine mechanisch optimierte Form mit konstanter Oberflächenspannung entstanden ist. Erfolgreiche Anwendungsbeispiele mit erhöh-

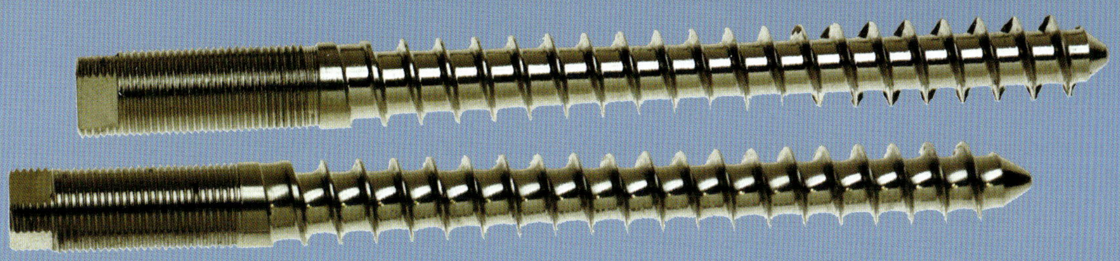

Orthopädische Schrauben: Die untere Schraube hat durch ein spannungsoptimiertes Gewinde eine deutlich längere Lebensdauer als die nicht optimierte (oben).

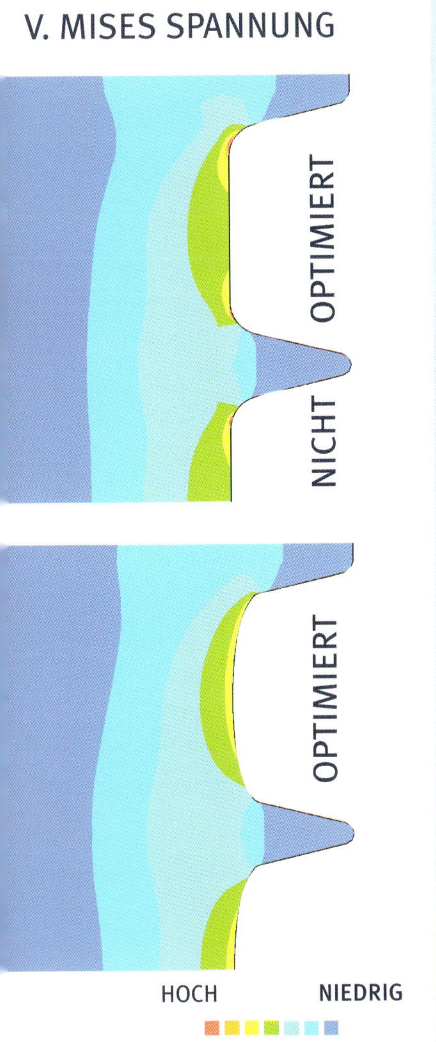

Die Analyse zeigt eine gleichmäßigere Spannungsverteilung beim optimierten Gewinde der orthopädischen Schraube (unten). Beim optimierten Gewinde treten keine Spannungsspitzen (rot) auf.

ter Dauerfestigkeit bei geringem Materialeinsatz sind orthopädische Schrauben oder tragende Autoteile. Gänzlich ohne Computer kann mit der „Methode der Zugdreiecke" die natürliche, optimierte Kerbform nur mit Hilfe von Geodreieck und Zirkel grafisch konstruiert werden.

Zugleich stabile und leichte Bauteile entstehen, wenn man die Wachstumsregeln der Bäume mit denen von Knochen kombiniert: unterbelastete Materialbereiche werden dabei herausgelöst und eine Fachwerk ähnliche Struktur bleibt übrig. Dafür haben die Karlsruher Forscher die SKO-Methode (Soft Kill Option) entwickelt. So können Bauteile topologie-, form- und gewichtsoptimiert werden. Neben vielen anderen Auszeichnungen erhielt Claus Mattheck 2003 den Deutschen Umweltpreis.

In polarisiertem Licht zeigt eine übliche Viertelkreis-Kerbe (links) bei Belastung rote Spannungsspitzen, die optimierte Kerbe (rechts) weist dagegen eine gleichmäßige Spannungsverteilung auf.

Längsschnitt durch den unteren Halmbereich des Riesenbambus (Dendrocalamus giganteus) mit Querwänden in den Knoten

Bananenstaude

IN SEILEN DENKEN! – LEICHT BAUEN WIE BAMBUS UND BANANENBLATT

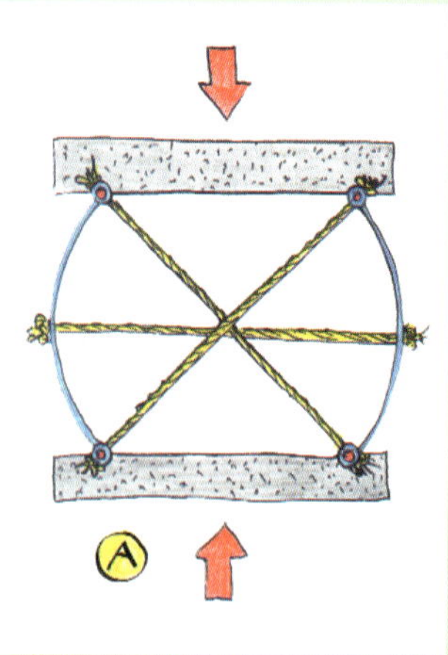

Bambushalme besitzen hervorragende mechanische Eigenschaften. Aus diesem Grund werden in Asien auch heute noch aus Bambushalmen viele Meter hohe Baugerüste hergestellt. Von besonderem Interesse ist die Funktion der Halmverdickungen und der Querwände in den Knoten der hohlen Halme. Zusammen mit den Biologen des Botanischen Gartens Freiburg untersuchen Physiker und Ingenieure vom Karlsruher Institut für Technologie den Bau und die Funktion von Knoten und Querwänden.

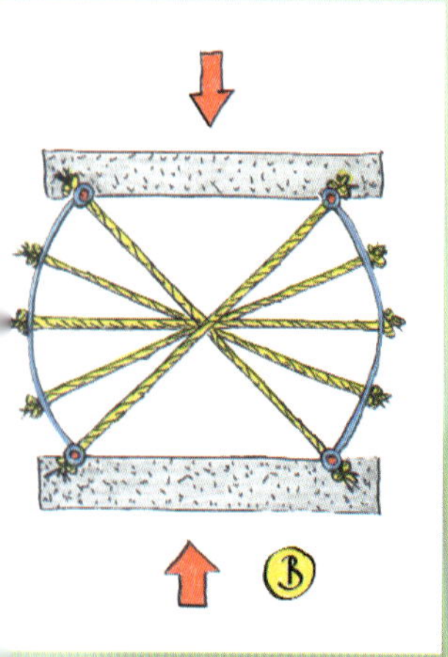

Wenn sich die hohlen Bambushalme im Wind oder unter Schneelasten biegen, kommt es zu einer Ovalisierung des ursprünglich runden Halmquerschnitts, was letztlich zum Knickversagen führen kann. Um ein Hohlrohr gegen Ovalisierung und Knickversagen zu stabilisieren, gibt es zwei Möglichkeiten: (1) Eine Druckstütze parallel zu den angreifenden Querdrucken, die dick (und somit schwer) genug sein muss, um selbst nicht zu knicken. (2) Ein Zugseil senkrecht zu den Querdrucken, das sehr dünn und leicht sein kann.

Leichtbaumethode „In Seilen denken!“ – Zwei Modelle einer Drucksäule aus zwei gekrümmten auf Druck belasteten Seitenschalen verspannt und stabilisiert durch Zugseile.

Querschnitt durch einen Bananenblattstiel. Die gekrümmten oberen und unteren Außenwände des Blattstiels sind durch längsverlaufende Gewebebrücken, die als Zugseile fungieren, verbunden und stabilisiert.

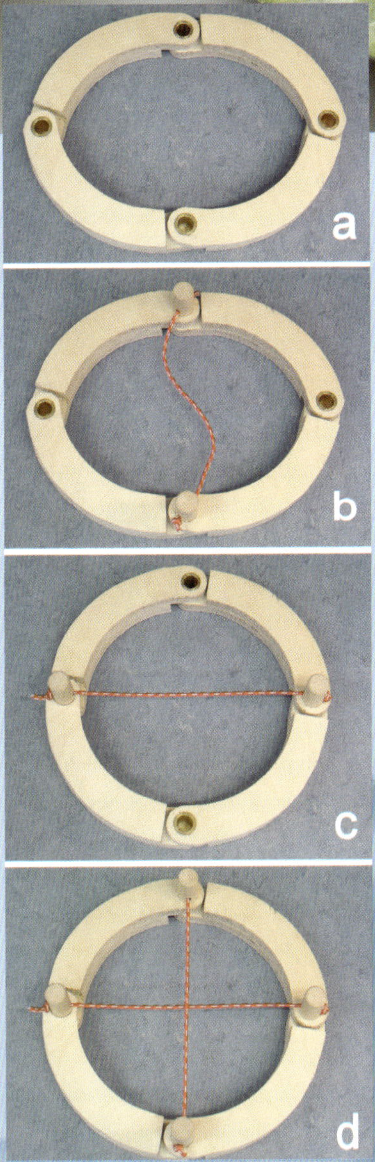

Biomechanische Untersuchungen haben ergeben, dass die Querwände der Knoten von Bambushalmen zumindest teilweise als Zuggurtung wirken und dadurch eine Ovalisierung der Halme verhindern. Ähnliche Zugelemente finden sich auch in den hohlen Stielen von Bananenblättern, wodurch die Gefahr des Knickens unter Gewichts- und Windlasten verringert wird.

Angeregt durch die biologischen Vorbilder wurde von Claus Mattheck vom Karlsruher Institut für Technologie die Leichtbaumethode „In Seilen denken!" entwickelt So können beispielsweise dünne vorgekrümmte Schalenelemente mit Zugseilen verspannt und stabilisiert werden. Mit dieser Methode lassen sich hochstabile und dabei sehr leichte Bauteile und Konstruktionen für verschiedenste Einsatzbereiche entwickeln.

Modell eines Bambusknotens, von oben nach unten: Querschnittsverflachende Kräfte bei Biegebelastung führen zu einer Ovalisierung. Zuggurtung parallel und senkrecht zu den angreifenden Kräften. Die Querwand des Knotens kann schon durch zwei Zugseile gegen Ovalisierung stabilisiert werden.

Schematische Darstellung der Radiolarie Chlathrocorys teuscheri, die als Ideengeber für die Entwicklung bio-inspirierter Gründungsstrukturen für Offshore-Windkraftanlagen diente.

PLANKTON, WINDRÄDER UND LEICHTBAU – VON MIKROORGANISMEN ZU MEGABAUTEN

Dr. Christian Hamm | Alfred Wegener Institut für Polar- und Meeresforschung, Bremerhaven

Eigenschaften von Planktonschalen

Einzellige, im freien Wasser treibende, Planktonorganismen bilden die Basis der Nahrungskette der Ozeane und anderer Gewässer. Besonders attraktiv sind die relativ großen, gepanzerten Arten wie die Diatomeen (Kieselalgen) oder Radiolarien, die bereits seit dem 19. Jahrhundert erforscht und wegen ihrer fantastischen Formen nicht nur aus wissenschaftlicher Sicht, sondern auch wegen ihrer Schönheit bearbeitet werden. So bilden sie auch die Basis des Werks von Ernst Haeckel, der vor über hundert Jahren nicht nur einer der führenden Naturwissenschaftler war, sondern auch Philosophie und Architektur beeinflusst hat.

Neuere Untersuchungen zeigen, dass die Schalen von Diatomeen sehr große, unterschiedliche mechanische Belastungen aushalten, denen sie durch Fresswerkzeuge verschiedener Räuber wie Ruderfußkrebse und Krill ausgesetzt sind. Deshalb haben sie im Laufe der Evolution im Rahmen eines „Wettrüstens“ sehr stabile Schalen entwickelt und werden hierdurch möglichst unattraktiv für ihre Kontrahenten. Gleichzeitig darf diese Panzerung nur sehr wenig Gewicht haben, um zu vermeiden, dass die Planktonorganismen in tiefe, dunkle und unproduktive Wasserschichten absinken.

Diese Kombination ist in Verbindung mit der einzigartigen Ästhetik und einer großen Vielfalt an Schalendesigns so attraktiv, dass es fast unanständig wäre, sie nicht zu nutzen. Dabei hilft, dass die Übertragung mikroskopischer Leichtbaustrukturen auf größere, technische Objekte dadurch

Rasterelektronenmikroskopische Aufnahme der Diatomeen Actinoptychus senarius...

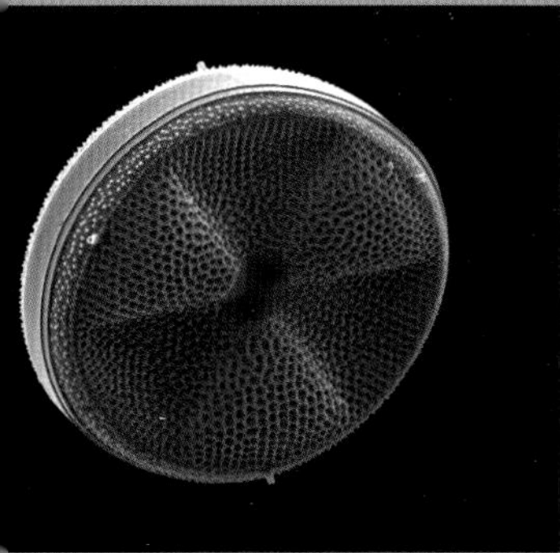

...und Asteromphalus sp.

Rasterelektronenmikroskopische Aufnahme der Radiolarie Hexacontium sp.

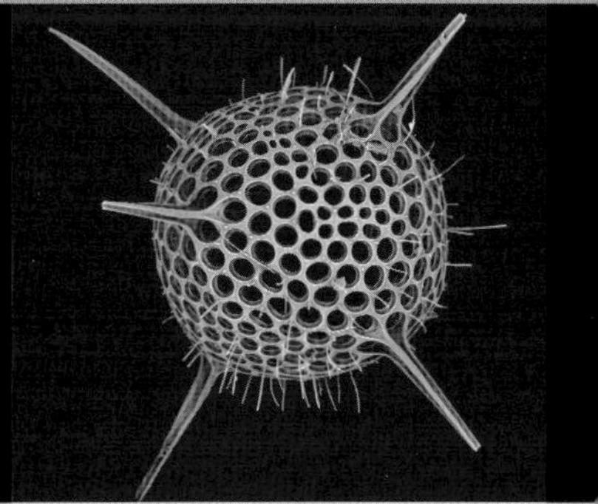

möglich ist, dass sowohl Materialquerschnitt als auch Flächendruck mit dem Quadrat des Längenmaßstabs skalieren. Damit ist eine Übertragung fantastischer Leichtbaustrukturen aus dem Mikrokosmos für fast beliebige technische Anwendungen grundsätzlich möglich.

Leichtbauverfahren ELiSE – Innovationen aus dem Mikrokosmos

Leichtbaukonstruktionen für technische Aufgabenstellungen können oft durch sehr unterschiedliche Geometrien gelöst werden. Dieser Sachverhalt wird durch den Begriff „Optimierungsgebirge" verdeutlicht, der gleichzeitig eine Schwierigkeit der bereits sehr gut etablierten linearen Optimierungsverfahren wie Computer Aided Optimization (CAO) und Soft Kill Option (SKO) bzw. Topologie- und Gestaltoptimierung aufzeigt, nämlich dass wohl ein lokales, aber nicht immer das globale Optimum erreicht wird. Im aus der Planktonforschung entwickelten Verfahren ELiSE (Evolutionary Light Structure Engineering) wird deshalb systematisch auf eine Datenbank aus konkreten, voroptimierten Leichtbaustrukturen zurückgegriffen, die eine effektive und schnelle Entwicklung diverser neuer Leichtbaulösungen ermöglichen. Unterstützt wird die technische Umsetzung durch Grundlagenforschung in den Bereichen Evolution, Biomechanik, Taxonomie und genetische Algorithmen.

Die Innovation gegenüber anderen Herangehensweisen besteht darin, dass nicht abstrakte Lösungsansätze extrahiert werden, sondern konkrete Strukturen aus der fantastischen Vielfalt als voroptimierte Leichtbaukonstruktionen für technische Probleme verwendet werden, die zu diversen, schnellen und effektiveren Lösungen führen. Schätzungen gehen von ca. 100.000 verschiedenen Diatomeenarten mit jeweils unterschiedlichem Schalenaufbau aus. Das Verfahren ELiSE ermöglicht es durch die Vielzahl

Schematische Darstellung einer Offshore-Windkraftanlage mit bio-inspirierter gewichtsoptimierter Gründungsstruktur

an möglichen Lösungen, Leichtbau in sehr vielen Industriezweigen einzusetzen. Dies betrifft Branchen wie die Automobilindustrie, Luft- und Raumfahrt, Hochbau, Offshore-Industrie, Design, Architektur, Medizintechnik sowie zahlreiche weitere.

Bekanntestes Beispiel ist die Entwicklung von Gründungsstrukturen für Offshore-Windkraftanlagen durch das Leichtbau- und Optimierungsverfahren Evolutionary Light Structure Engineering (ELiSE). Der Ablauf der Optimierung einer bio-inspirierten gewichtsoptimierten Gründungsstruktur ist auf Seite 67 (unten) gezeigt. Gründungsstrukturen für Multi-Megawatt-Windkraftanlagen im Offshore-Bereich müssen den Werkstoff Stahl extrem effektiv einsetzen und dessen mechanische Eigenschaften für den nachhaltigen Einsatz im Bereich der regenerativen Energien nutzen. Dabei werden überwiegend industriell verfügbare Bauteile aus Stahl eingesetzt, um die Fertigung möglichst effizient und kostengünstig zu gestalten. Komplexe Knotengeometrien an den Verzweigungsstellen können in Stahlguss ausgeführt werden. Mit Hilfe des ELiSE-Verfahrens wurde im Rahmen eines BMBF-Projekts zusammen mit der WeserWind GmbH und RLE international GmbH eine leichte, leistungsfähige und potentiell kostengünstige Gründungsstruktur mit dreibeinigem Grundriss entwickelt. Hier wurde die Möglichkeit genutzt, eine große Vielfalt an konstruktiven bio-inspirierten Lösungsmöglichkeiten generieren und bewerten zu können.

Ausgangspunkt für die Neuentwicklung waren die Geometrien der Leichtbauskelette von Radiolarien. Radolarien, auch Strahlentierchen genannt, sind einzellige Lebewesen mit charakteristischen Außenskeletten, deren prinzipielle Eignung für die Übertragung auf Tragwerkskonzepte von Gründungsstrukturen mit Hilfe der Finite-Elemente-Methode für ausgewählte Lastfälle nachgewiesen werden konnte. Bei der technischen Umsetzung wurden repräsentative Anlagenlasten berücksichtigt. Dabei wurden effektive Produktionsprozesse vorgesehen, so dass die Gesamtkosten

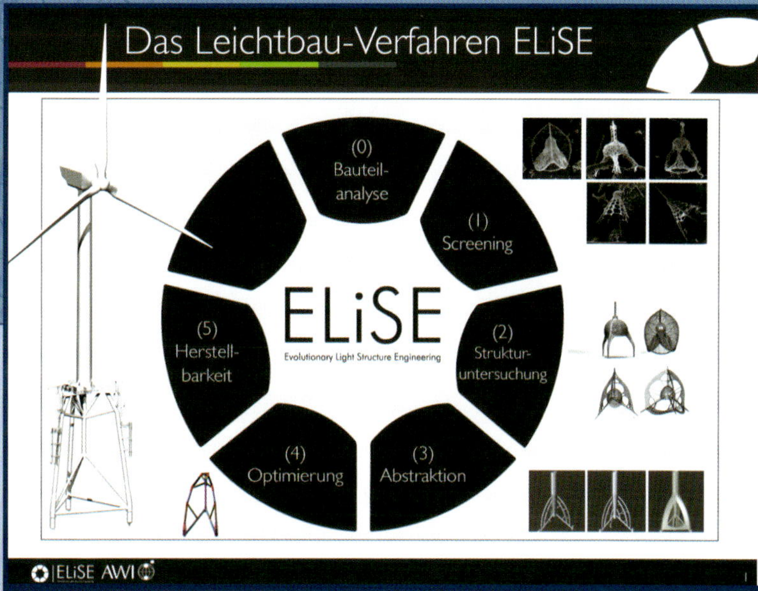

für Bau, Transport und Aufbau deutlich unter den gegenwärtigen Lösungen liegen. Die einzelnen Schritte des ELiSE-Verfahrens sind auf Seite 67 (oben) dargestellt. Aktuelle Arbeiten beschäftigen sich mit der Automatisierung des Verfahrens.

Die Vorteile der bio-inspirierten Gründungsstrukturen sind vielfältig und umfassen: (1) eine deutlich Gewichtsreduktion (400 t statt 770 t), (2) eine sehr homogene Spannungsverteilung und (3) eine leichte Dimensionierung der konvexen Außenstreben durch vorgegebene Knickrichtung. Außerdem können die bio-inspirierten Gründungsstrukturen überwiegend aus Standardbauteilen (Rohren) aufgebaut werden. Die am Projekt beteiligten Partner streben eine Zertifizierung der inzwischen patentierten Struktur an.

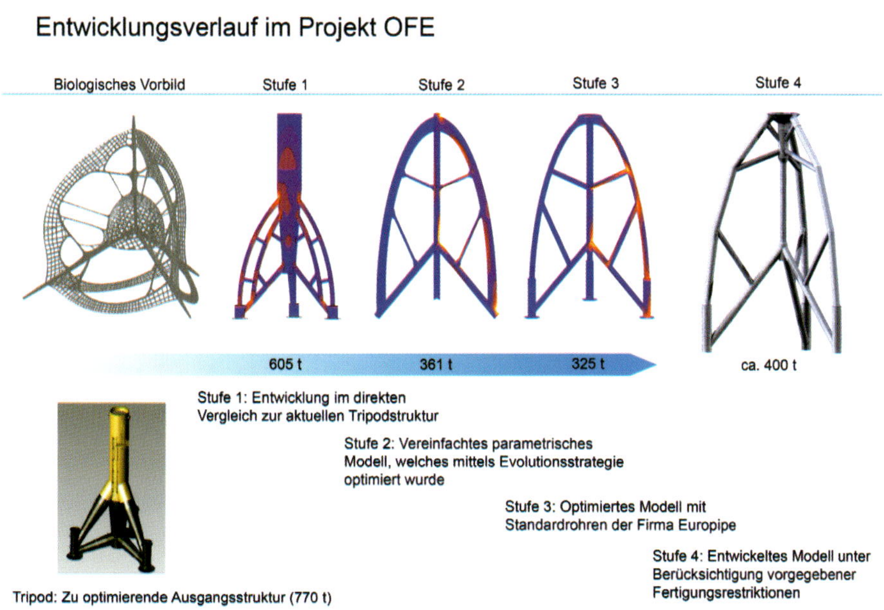

Bienenwaben an einem Baum im Botanischen Garten von Melbourne

Detailaufnahme der hexagonalen Wabenstruktur

WAS DIE BIENEN SCHON IMMER WUSSTEN: WABENSTRUKTUREN – STABIL MIT WENIG MATERIAL

Bienen gehören mit zu den ersten Nutztieren des Menschen. Bereits seit früher Zeit hat man Honig als Nahrungsmittel und Wachs für die Herstellung von Kerzen und anderen Produkten geschätzt. Fast genauso lange haben Bienenwaben mit ihrer perfekt sechseckigen (hexagonalen) Form die Phantasie angeregt. Sind Bienen geniale Mathematiker oder wie kommt es sonst zu Waben mit sechs fast perfekten Winkeln von 120° ?

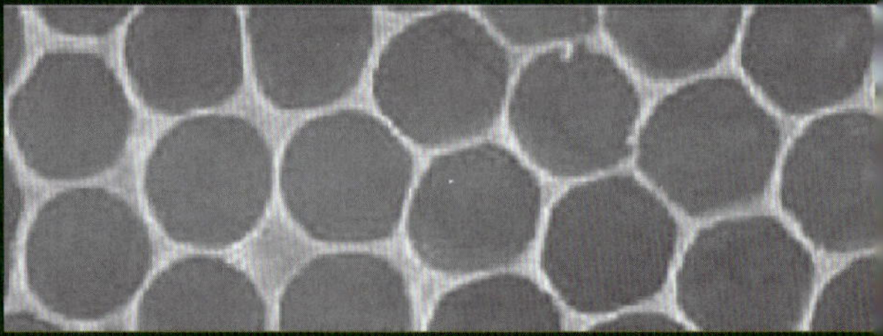

Bienenwaben: Übergang von runden, neu gebildeten Waben (links) zu hexagonalen, ausdifferenzierten Waben (rechts). Die hexagonale Struktur entsteht durch Erwärmen auf ca. 40 °C infolge der Sprungtemperatur des Wachses.

Durch Untersuchungen von Jürgen Tautz und Mitarbeitern aus Würzburg weiß man seit einigen Jahren, dass Bienenwaben keineswegs von Anfang an ideal sechseckig sind. Frisch gebaute Waben sind rundliche Zylinder, deren Durchmesser dem Körper der Bienen entspricht, die sie bauen, indem sie Wachsplättchen aus Drüsen am Hinterleib abscheiden. Später kriechen mehrere Bienen in benachbarte Waben und heizen diese mit erhöhter Körpertemperatur auf, die durch die von den Flügeln entkoppelte Flugmuskulatur erzeugt wird. Ist die Sprungtemperatur des Wachses erreicht, die bei ca. 40 °C liegt, bildet sich spontan die energetisch günstigste Wabenform aus, die einem sechseckigen Zylinder entspricht. Bienen nutzen

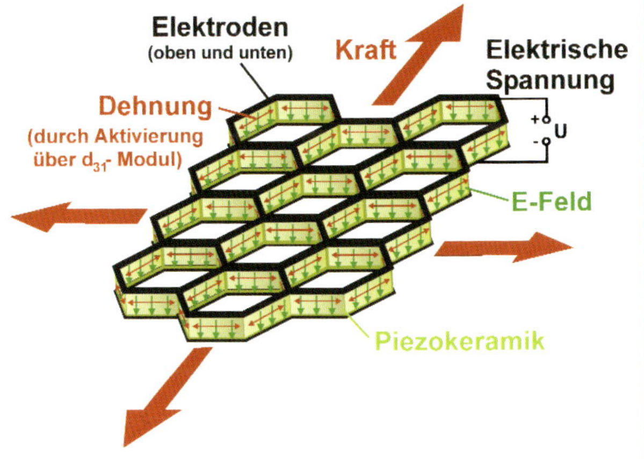

Funktionsmodell eines piezoelektrischen Aktuators in Wabenform mit hexagonalen Einzelzellen

Herstellung keramischer piezoelektrischer Aktuatoren in Wabenform durch kontrollierte Selbstorganisation: lokales Lasersintern bei 1400 °C

Wabe eines piezoelektrischen Aktuators

folglich die physikalisch-chemischen Eigenschaften des Wachses.

Zusammen mit der Technischen Universität Clausthal-Zellerfed und dem Deutschen Institut für Luft- und Raumfahrt (DLR) wurden aus Keramiken piezoelektrische Aktuatoren zur aktiven Vibrationsdämpfung entwickelt, bei denen sich auch die perfekte hexagonale Wabenform erst durch Aufheizen auf die Sprungtemperatur einstellt. Diese liegt bei den Keramiken allerdings bei ca. 1400 °C und wird durch lokales Lasersintern erreicht. Inwiefern die vielfältigen im Leichtbau verwendeten, als „Honeycombs" bezeichneten, Wabenstrukturen von Bienenwaben inspiriert sind, ist nicht gesichert, kann aber nicht ausgeschlossen werden.

In jedem Fall sind solche „Honeycombs", die typischerweise in einer Sandwichstruktur zwischen zwei dünnen Deckplatten verbaut sind, bei höchster Stabilität ultraleicht und tragen so zur Materialeinsparung bei.

Blattschneiderameisen bilden beim Transport von Pflanzenmaterial ins Nest sogenannte Straßen.

DAS PROBLEM DES HANDLUNGSREISENDEN – AMEISENALGORITHMEN UND SCHWARMINTELLIGENZ

Dr. Hendrik Bargel | Universität Bayreuth

Sozial lebende Insekten wie beispielsweise Ameisen bilden Kolonien, die durch feste Aufgabenverteilung und besonders durch das Zusammenwirken der einzelnen Tiere als Kollektiv komplexe Aufgaben wie Nestbau oder Futtersuche lösen können. Dieses zielgerichtete Verhalten sogenannter „Superorganismen“, bei denen im selbstorganisierenden Zusammenspiel vieler Individuen mit eingeschränktem Verhaltensrepertoire das Ganze mehr ist als die Summe der Teile, nennt man emergent. Die Resultate weisen eine Form von Intelligenz auf, daher bezeichnet man das Prinzip auch als Schwarmintelligenz. Solche Phänomene kommen auch bei Termiten, Bienen, Vogel- und Fischschwärmen, aber auch bei Menschen vor.

Ein bekanntes Beispiel der Schwarmintelligenz sind die Straßen der Ameisen, die bei der Nahrungssuche entstehen. Diese Straßen entsprechen denjenigen Wegrouten, auf denen die Nahrung auf kürzestem Weg und möglichst schnell von der Quelle zum Ameisennest transportiert werden kann. Diese optimierten Pfade entstehen automatisch durch Markierung mit Pheromonen (artspezifische Duftstoffe) auf der Suche nach Nahrung vom Nest weg und wieder zurück. Je kürzer ein zufällig gewählter Pfad ist, desto höher ist dort die Konzentration an Pheromonen, und die nachfolgenden Ameisen wählen dann diesen Weg mit der größten Intensität an Duftstoffen als Wegweiser zur Nahrungsquelle. Da die Duftspuren sich mit der Zeit verflüchtigen, passt sich dieser „Suchalgorithmus“ der Ameisen dynamisch an, z.B. beim Erliegen einer Futterquelle.

Viele Termiten (z.B. die Gattung Nasutitermes) bilden ähnlich wie Ameisen Straßen bei der Suche nach Baustoffen oder Nahrung.

Fisch- und Vogelschwärme zeigen ein komplexes „Verhalten", das sich durch Selbstorganisation einstellt und den Einzelindividuen Vorteile bei der Nahrungssuche, bei der Fortpflanzung und besseren Schutz vor Fressfeinden bietet. Außerdem ist das Schwimmen bzw. Fliegen im Schwarm energetisch günstiger.

Der robuste Algorithmus der Ameisen als Lösung des Optimierungsproblems des kürzesten Wegs basiert auf dezentralisierter Entscheidungsfindung und eignet sich gut für die Übertragung auf modellhafte Optimierungsprobleme. Der amerikanische Physik-Nobelpreisträger Richard P. Feynman beschrieb schon um 1940 einfache Beispiele von Ameisenalgorithmen. Den ersten echten Ameisenalgorithmus (Ant colony optimization, ACO) als heuristisches Verfahren entwickelte 1991 der italienische Mathematiker Marco Dorigo. Er wandte sein Ameisensystem (AS) erfolgreich auf das klassische Problem des Handlungsreisenden an, um die kürzeste Reiseroute durch eine Anzahl von Städten mit genau einem Besuch pro Stadt zu finden. Mit diesem und erweiterten Algorithmen lassen sich schnell und dynamisch robuste Lösungen in der Projektplanung, Netzwerk-Auslegung, Logistik oder in der Robotersteuerung finden. Lösungen für die Industrie stammen beispielsweise von der Berliner Firma INPRO GmbH oder dem Fraunhofer Institut für Materialfluss und Logistik.

Bekannte große Unternehmen wie Daimler, Siemens, Deutsche Bahn oder Unilever setzen erfolgreich Ameisenalgorithmen zur Steuerung in der Herstellungs- und Transportlogistik ein. Aber auch die Optimierung von Bus- und Postrouten oder Personaleinsatzplänen hilft teure Stand- und Fahrzeiten zu verhindern – und so am Ende auch Energie zu sparen.

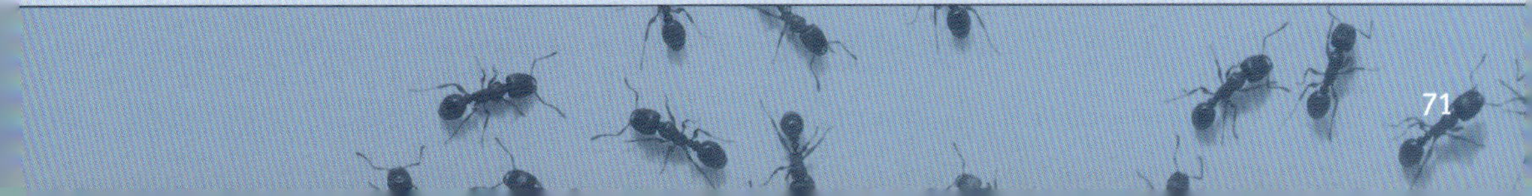

Pfeifenwinde (*Aristolochia macrophylla*), eine nordamerikanische Liane

Dachkonstruktion eines Parkhauses mit Tensairity®-Technologie

SELBSTREPARATUR – KEIN PRIVILEG DER NATUR

Ingenieure, die langlebige Bauteile entwerfen, haben zwei Möglichkeiten: Schäden vermeiden oder Schäden reparieren. Die wenigen bisher auf dem Markt befindlichen technischen Produkte mit Selbstreparatureffekt sind lediglich Lösungen für sehr spezielle Einsatzbereiche. Nur in Ausnahmefällen enthalten sie bionische Ansätze. Das große Potential bionischer Übertragungen ist aber noch längst nicht ausgeschöpft.

Im Verlauf der Evolution haben Pflanzen eine Vielzahl von Möglichkeiten zur Wundversiegelung und Wundheilung entwickelt. Durch Verletzungen oder Wachstumsprozesse entstehende Risse in Pflanzengeweben werden schnell versiegelt und anschließend geheilt. Bei der Pfeifenwinde (*Aristolochia macrophylla*), einer nordamerikanischen Liane, kommt es zur schnellen Wundversiegelung durch Reparaturzellen, die in den Riss quellen. Beim Parakautschukbaum (*Hevea brasiliensis*) und bei Gummibäumen (*Ficus* sp.) werden Verletzungen durch Aushärtung des austretenden Milchsafts versiegelt.

Pfeifenwinde (*Aristolochia macrophylla*) im Botanischen Garten Freiburg

Eine Reparaturzelle versiegelt einen Geweberiss im Stamm der Pfeifenwinde.

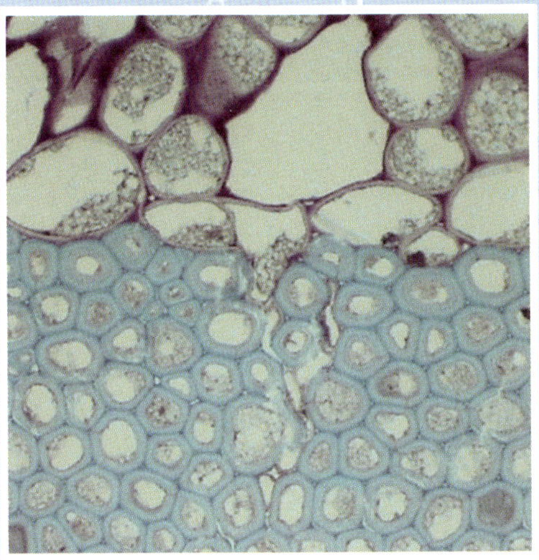

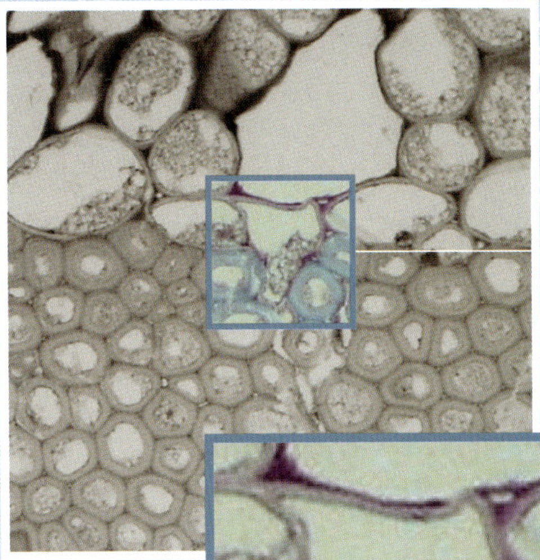

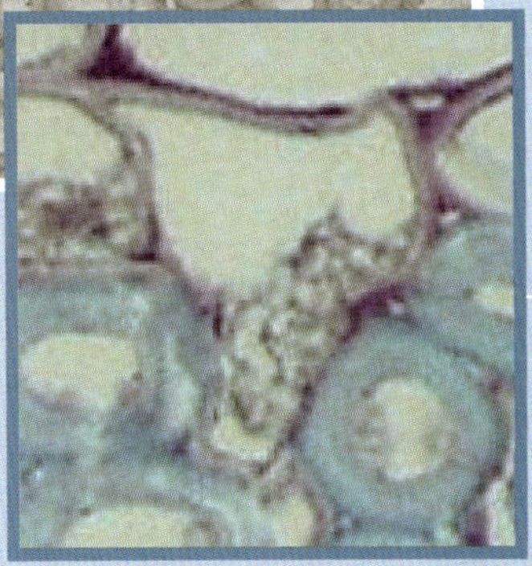

Auf eine schnelle Rissversiegelung kommt es auch bei Löchern in pneumatischen Systemen oder beim Stoppen von Mikrorissen an. Das Prinzip der schnellen Wundversiegelung bei Lianen durch Reparaturzellen wurde auf eine bionische Beschichtung für pneumatische Systeme, wie zum Beispiel Schlauchboote oder Tensairity®-Strukturen, übertragen. Der Luftdruckabfall konnte so um das 500- bis 1000-fache reduziert werden.

Aushärtung des Milchsafts bei der Birkenfeige (Ficus benjamina)

Durch selbstreparierende Materialien lässt sich die Lebensdauer technischer Produkte signifikant verlängern. Sie leisten somit auch einen Beitrag zur Ressourcenschonung und zur nachhaltigen Entwicklung. Des Weiteren kann ein Selbstreparatureffekt die Marktakzeptanz technischer Produkte deutlich erhöhen.

Querschnitt durch einen zweijährigen Stamm der Pfeifenwinde

Ratten können wie andere Nagetiere fast alle Materialien mit ihren selbstschärfenden Nagezähnen zerkleinern.

RATTENSCHARFE MESSER – SELBSTSCHÄRFUNG NACH DEM PRINZIP NAGETIER

An vielem nagt nicht nur der Zahn der Zeit, sondern auch der eines Nagetiers. Mäuse oder Ratten sind in der Lage nahezu alle Materialien zu zerkleinern. Dabei schrecken sie selbst vor Metall oder Beton nicht zurück. Sie verdanken diese Fähigkeit den ständig nachwachsenden Schneidezähnen, die gegeneinander arbeiten und sich zudem durch ungleichmäßige Abnutzung ständig selbst schärfen.

Beim Nagen halten die Pfoten das Material an die oberen Schneidezähne, während die Zähne des Unterkiefers Teile des Materials abschaben aber auch an den Innenseiten der oberen Zähne entlanggeführt werden und deren weiches Dentin dabei mit abtragen. Der harte Zahnschmelz befindet sich nur auf der Außenseite und wird schwächer abgenutzt. Dadurch bleibt immer eine scharfe Schneide erhalten.

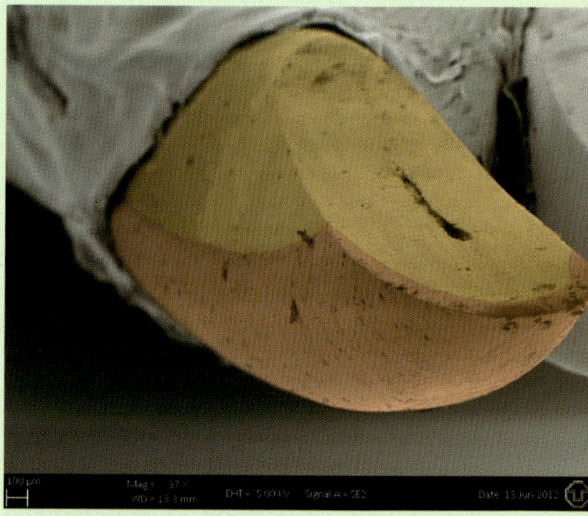

Die rasterelektronenmikroskopische Aufnahme zeigt die unteren Schneidezähne eines Hamsters. Dabei ist auf der Außenseite die dünne Schicht aus hartem Zahnschmelz (rot) zu erkennen, der durch die stärkere Abnutzung des Dentins (orange) eine scharfe Schneide bildet und erhält.

Die Kombination harter (z.B. Diamant) und weicher Materialien (z.B. Metall) bei Sägen oder Messern ist nicht neu, aber meist wird hartes Material in weiches eingesetzt, so dass es ausbrechen kann. Die bionischen Messer nutzen das Nagetierprinzip indem z.B. eine dünne Keramikschicht auf ein weicheres Metall aufgetragen wird, das sich dann stärker abnutzt und eine lange scharf bleibende, sich selbstschärfende Schneide bildet.

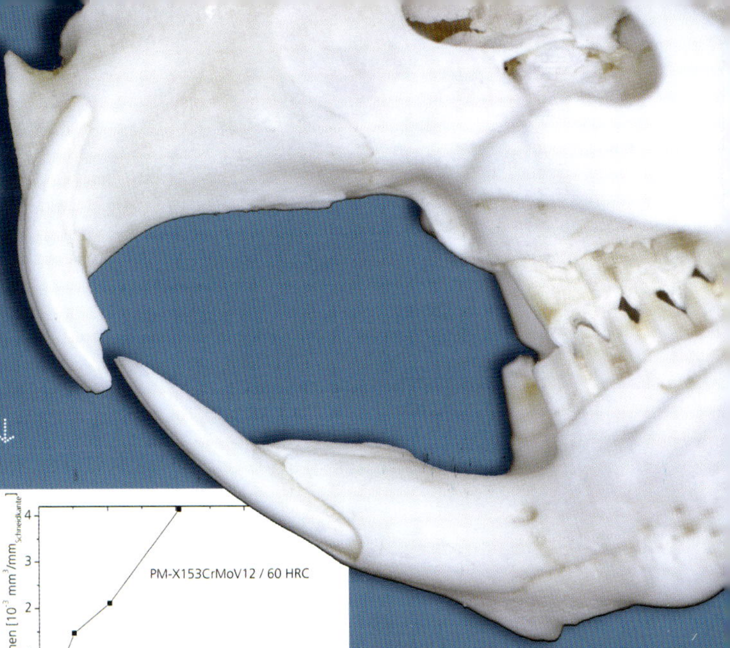

Am Beispiel des Hamsterschädels sind deutlich die unteren Schneidezähne zu erkennen, die gegen die oberen arbeiten. Dabei wird bei beiden auf der Innenseite das weiche Dentin abgetragen.

Grafische Darstellung der Standfestigkeit eines bionischen Messers (rote Datenpunkte). Auch nach einer Gesamtschnittlänge von über 1000 m bleibt die Schnittkraft nahezu identisch und es wird kaum Material abgetragen.

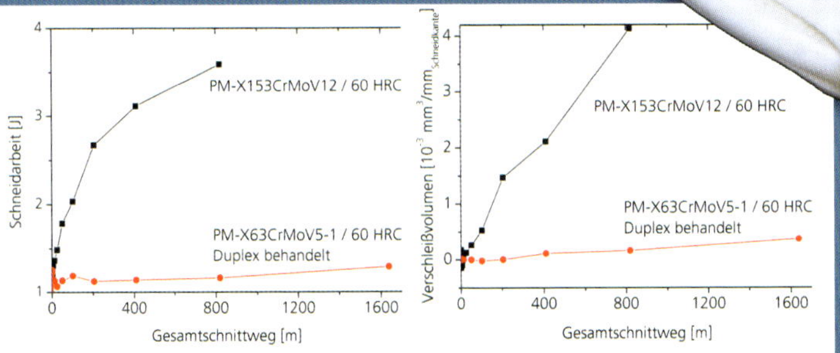

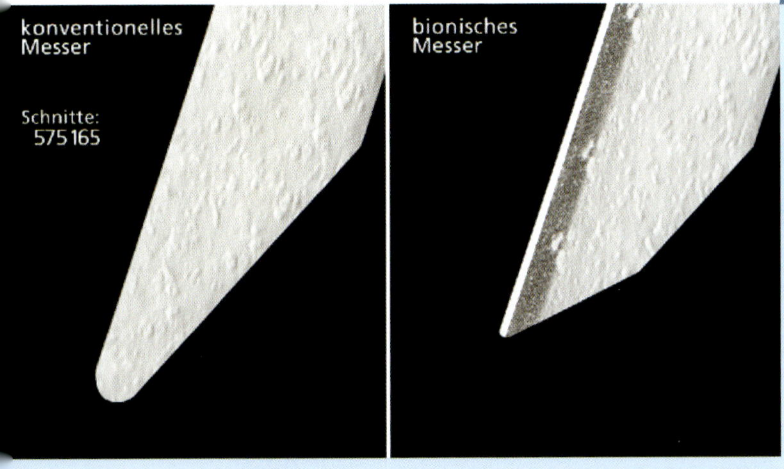

Vergleich eines konventionellen und eines bionischen Messers konstruiert nach dem Vorbild der Schneidezähne von Nagetieren. Deutlich ist die harte Schicht zu erkennen, die dem Dentin der Nagetiere entspricht.

Bei Messern und Sägen sind Schärfe und Standzeit entscheidende Qualitätskriterien. Schärfere Messer verringern den Energieeinsatz beim Schneiden und eine längere Standzeit den Materialverschleiß und damit die Wartungskosten. Beides wird durch eine biologisch inspirierte Materialkombination, wie sie bei den bionischen selbstschärfenden Schneidewerkzeugen umgesetzt ist, entscheidend verbessert.

WAS MAN NICHT VON DER NATUR LERNEN KANN – GRENZEN DER BIONIK

Dr. Olga Speck | Kompetenznetz Biomimetik

Lernen von der Natur für die Technik – geht das überhaupt und wo sind die Grenzen? Oft findet man eine verblüffende Ähnlichkeit zwischen den im Verlauf der Evolution entstandenen Lösungen der Natur und technischen Lösungen. Das lässt sich leicht erklären, denn Wirkprinzipien basieren auf physikalischen Gesetzen und diese gelten für Natur und Technik gleichermaßen. Trotzdem sind der Übertragung von Lösungen aus der Natur in die Technik Grenzen gesetzt.

Vorbilder vergrößern oder verkleinern – das ist nicht ohne Weiteres möglich. Bei bionischen Produkten, die fahren, schwimmen oder fliegen, herrschen nur dann ähnliche Strömungsverhältnisse, wenn das Verhältnis von Trägheits- zu Zähigkeitskräften – die so genannte Reynoldszahl – mit dem biologischen Vorbild übereinstimmt. Dieses Ähnlichkeitsgesetz ist ein Grund warum eine Fliege nicht Vorbild für ein Passagierflugzeug sein kann.

Selbst-X-Materialien

Biologische Materialien haben Eigenschaften, die oft nicht einfach in die Technik zu übertragen sind. Lebewesen sind in der Lage ihre Eigenschaften autonom zu erhalten: Der Gummibaum heilt sich selbst, Blattoberflächen können sich selbst reinigen, der Nagetierzahn schärft sich selbst. Biologische Materialien können auf veränderte Bedingungen reagieren: Nach einem Knochenbruch richten sich die Knochenbälkchen entlang der neu auftretenden Kraftlinien aus und an unbelasteten Stellen wird Knochenmaterial abgebaut.

⟵ *Herstellung eines technischen Faserverbundmaterials*

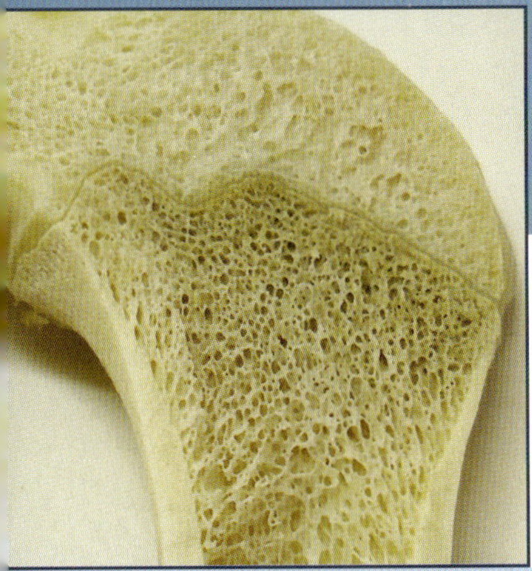

⟵ *Lammknochen*

„Technischer Pflanzenhalm" – ein bionisches Faserverbundmaterial

Selbstreparatur im Stamm der Pfeifenwinde (Aristolochia macrophylla)

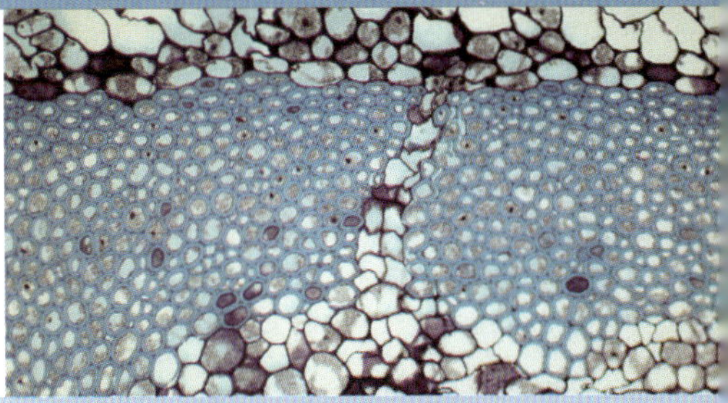

Die Natur setzt auf Strukturoptimierung, bei technischen Konstruktionen wird oft zunächst das Material verbessert. In der Regel konstruiert die Natur vom Kleinen zum Großen: Moleküle bilden Zellen, die sich wiederum zu Geweben verbinden, wobei der biochemische Aufbau der Zellwände die mechanischen Eigenschaften der Gewebe wesentlich beeinflusst. Unterschiedliche Gewebe bilden Organe, wie Wurzel, Spross und Blätter, aus denen sich letztendlich eine Pflanze zusammensetzt. In der traditionellen Technik wird meist vom Großen zum Kleinen gebaut. Ein ausgewählter Werkstoff-Rohling wird durch Sägen oder Fräsen zu einem technischen Endprodukt. Diese gegensätzlichen »Produktionsmethoden« von Natur und Technik setzen der Übertragung von biologischen Vorbildern in technische Anwendungen häufig Grenzen. Technische Faserverbundwerkstoffe sind eine Ausnahme. Betrachtet man zum Beispiel einen Palmenstamm unter dem Mikroskop, sieht man einen Verbundwerkstoff bestehend aus Fasern eingebettet in ein zelluläres Grundgewebe. Wie in der Natur werden technische Faserverbundwerkstoffe auch vom Kleinen zum Großen produziert. Das macht die Übertragung von Anregungen aus der Biologie auf technische Textilien und Faserverbundwerkstoffe einfacher.

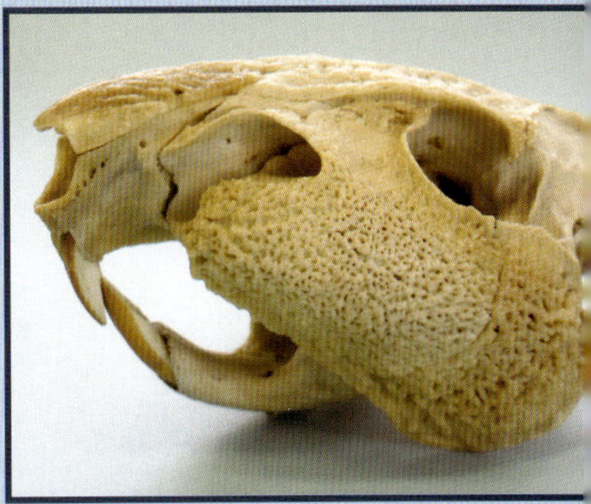

Schädel eines Bibers (Castor fiber) mit selbstschärfenden Zähnen

Der „Technische Pflanzenhalm", ein bionisches Faserverbundmaterial (Mitte) und zwei der biologischen Vorbilder (Pfahlrohr, links & Schachtelhalm, rechts)

DER „TECHNISCHE PFLANZENHALM" – STABIL UND LEICHT

Gräser und Schachtelhalme sind aus mechanischer Sicht Leichtbaukonstruktionen, die mit ihren hohlen Stängeln und dünnen Halmwänden erstaunlich stabil sind. Sie können neben Belastungen durch Eigengewicht und Schnee auch hohe Windkräfte aushalten. Bei Belastung biegen sich die Halme und können so auch Schwingungen sehr gut dämpfen. Dies ist besonders gut bei großen verholzten Gräsern wie Pfahlrohr (*Arundo donax*) und Bambus zu beobachten.

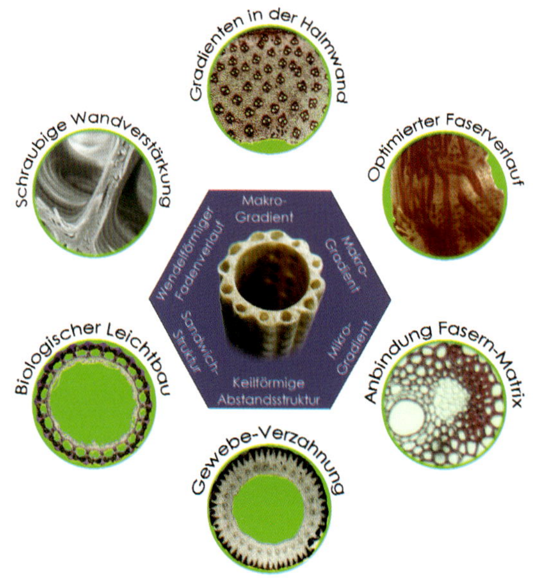

Pflanzenhalme bestehen nicht aus einem einzigen Material, sondern sind aus Sicht der Materialforschung Verbundmaterialien, aufgebaut aus steifen, verholzten Fasern, die in ein flexibles Grundgewebe eingebettet sind. Faserverlauf und Faseranordnung wurden im Verlauf der Evolution optimiert. Durch allmähliche Steifigkeitsübergänge bilden Fasern und Grundgewebe selbst bei hohen Belastungen einen untrennbar festen Verbund.

Biologische Vorbilder des „Technischen Pflanzenhalms"

Flechtpultrusionsanlage zur Herstellung des „Technischen Pflanzenhalms" im Technikum des Instituts für Textil- und Verfahrenstechnik (ITV) Denkendorf

Für den „Technischen Pflanzenhalm" standen mehrere biologische Vorbilder Pate. Anordnung und Anbindung der Fasern sind von Bambus und Pfahlrohr inspiriert, Funktionskanäle und Ultraleichtbau von Schachtelhalmen. Die Umsetzung durch Biologen des Botanischen Gartens Freiburg und Ingenieure des ITV Denkendorf führte zu einem neuartigen, strukturoptimierten Faserverbundmaterial, das sich durch eine Kombination aus Stabilität und geringem Gewicht (Leichtbauweise) auszeichnet.

Neben seinen hervorragenden mechanischen Eigenschaften kann der „Technische Pflanzenhalm" durch seine ressourcenschonende Leichtbauweise auch zur nachhaltigen Technikentwicklung beitragen. Wenn Naturfasern in einer Naturstoffmatrix eingesetzt werden, ist das bionische Produkt vollständig rezyklierbar. Für die Entwicklung des „Technischen Pflanzenhalms" wurden die Biologen und Ingenieure mit dem Techtextil Innovation Prize New Materials 2007 ausgezeichnet.

Modell eines Bambushalms mit den verschiedenen Strukturveränderungen über die Halmwand – ein Ideengeber für den „Technischen Pflanzenhalm"

Der Köcherbaum (Aloe dichotoma) kann kein normales Holz bilden.

DRACHENBAUM UND SÄULENKAKTUS – VERZWEIGTER LEICHTBAU

Laub- und Nadelbäume können erhebliche Stammdurchmesser und Höhen erreichen. Ermöglicht wird das durch die Bildung von Holz, einem Material mit hervorragenden mechanischen Eigenschaften, wie hoher Steifigkeit und Festigkeit. Einkeimblättrige Pflanzen können dagegen kein normales Holz bilden. Dennoch haben einige Vertreter im Verlauf der Evolution vergleichbare Wuchsformen entwickelt, wie beispielsweise Yucca, Aloe oder Drachenbäume. Auch bei Kakteen gibt es baumförmige Arten, die jedoch hauptsächlich Wasserspeichergewebe und nur wenig Festigungsgewebe bilden.

Die Stämme von Drachenbäumen, Yuccas und Aloe sind nicht kompakt, sondern bestehen aus einzelnen verholzten Leitbündeln, die in ein flexibles zelluläres Grundgewebe eingebettet sind. Bei Kakteen findet sich im Stamm ein Zylinder, der abwechselnd aus Holzlamellen und Grundgewebe aufgebaut ist. In beiden Fällen wurden der Verlauf von Fasern und Lamellen sowie die Verbindung mit dem Grundgewebe in Stämmen, Ästen und Verzweigungen im Verlauf der Evolution optimiert.

Frei präpariertes Festigungsgewebe eines Säulenkaktus. Gut zu erkennen sind die hellen Holzlamellen eingebettet ins dunklere Grundgewebe sowie die Verbindung von Sprossachse und Ast.

Machbarkeitsstudien eines dreidimensional geflochtenen verzweigten bionischen Faserverbundmaterials

Von besonderem Interesse für die Umsetzung in technische Faserverbundmaterialien sind die Verzweigungen, da hier mit einem sehr geringen Einsatz von Festigungsgewebe große Belastungen aufgenommen werden können. Neben Drachenbäumen sind insbesondere Kakteen in dieser Hinsicht außergewöhnlich, da der Seitenast an der Verbindungsstelle zwar den geringsten Durchmesser, aber trotzdem eine hohe Festigkeit aufweist. Inspiriert durch diese Vorbilder können geeignete 3D-Flechtverfahren zur Herstellung verzweigter bionischer Leichtbauteile genutzt werden.

Gerade ungewöhnliche Pflanzen, die besondere strukturelle Merkmale aufweisen oder aus extremen Lebensräumen stammen, erweisen sich oft als reiche Quelle für die biologisch inspirierte Materialforschung.

Selbst große Säulenkakteen besitzen im Stamm nur wenig Festigungsgewebe, um möglichst viel Wasser speichern zu können.

Bambushalme sind ein Ideengeber für die Dämpfermodule der bionischen Schockpalette. Riesenbambus (Dendrocalamus giganteus) und mikroskopische Aufnahme eines Halmquerschnitts, der die Faserverbundstruktur zeigt.

BIONISCHE SCHOCKPALETTE – GUT ABGEFEDERT NACH DEM VORBILD VON IGEL UND BAMBUS

Weltweit werden immer mehr Waren auf Paletten transportiert. Neben den genormten Europaletten aus Holz und quadratischen Kunststoffpaletten für Container werden beim Transport empfindlicher Güter, wie z.B. von Computern, spezielle stoßdämpfende Paletten eingesetzt. Bei diesen Paletten wird ein Materialgemisch aus Holz sowie verschiedenen Kunststoffen und Metallen verwendet, für das es kein sinnvolles Entsorgungskonzept gibt.

Als Ideengeber für die bionische Schockpalette dienten verschiedene Tiere und Pflanzen. Bambushalme sind Faserverbünde, bei denen steife Faserbündel in ein flexibles Grundgewebe eingebettet sind. Hierdurch werden – über Scherspannungen – Schwingungen sehr gut gedämpft. Die Stacheln von Igeln und Stachelschweinen vereinen hohe Biegesteifigkeit, gute Dämpfungseigenschaften und Leichtbau. Sie sind in einer zähen Hautmuskulatur verankert, wodurch sie Stürze abdämpfen und vor Feinden schützen. Diese Strukturen dienten als Ideengeber für bionische Dämpfermodule aus steifen Faserverbundstäbchen, die in einer elastischen Matrix eingebettet sind und Schwingungen sehr gut dämpfen. Die Form der Dämpfermodule wurde mit der Zugdreiecksmethode (siehe S. 60) bionisch optimiert.

Europäischer Igel (Erinaceus europaeus). Die Stacheln von Igel und Stachelschwein sind ein weiterer Ideengeber für die Dämpfermodule der bionischen Schockpalette.

Mikroskopische Aufnahme eines Querschnitts durch den Stachel eines Stachelschweins

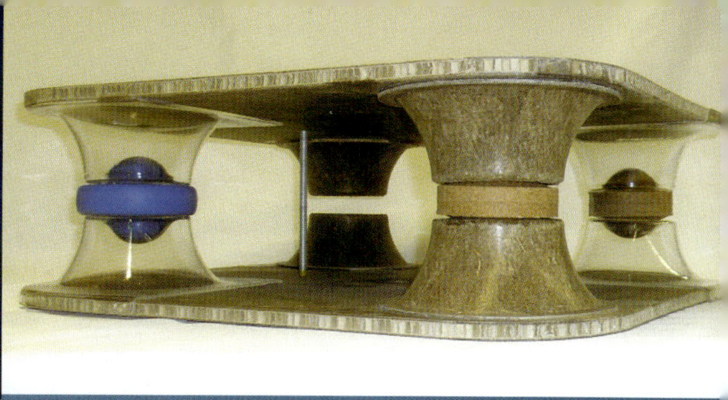

Funktionsdemonstrator der bionischen Schockpalette mit verschiedenen Arten von Dämpfermodulen, der im Institut für Textil- und Verfahrenstechnik Denkendorf hergestellt wurde.

Wabenstrukturen, wie sie in Blattstielen von Bananen und Schnäbeln von Tukanen vorkommen, dienten als Vorbild für die Leichtbaukonstruktion der Deck- und Bodenplatte der bionischen Schockpalette, die von Biologen der Universität Freiburg in Kooperation mit Ingenieuren des ITV Denkendorf und der Firma Rittal GmbH & Co. KG entwickelt wurde. Die Schockpalette besitzt eine gute Ökobilanz, da Deck- und Bodenplatte aus nachwachsenden Rohstoffen gefertigt werden und völlig rezyklierbar sind. Die Dämpfermodule sind kein Einwegprodukt sondern werden wiederverwendet.

Für die Entwicklung der bionischen Schockpalette, die bisher als Prototyp vorliegt, wurden die Biologen und Ingenieure mit dem ersten Preis des ‘Materialica Design+Technology Award 2011’ in der Kategorie CO_2-Effizienz ausgezeichnet.

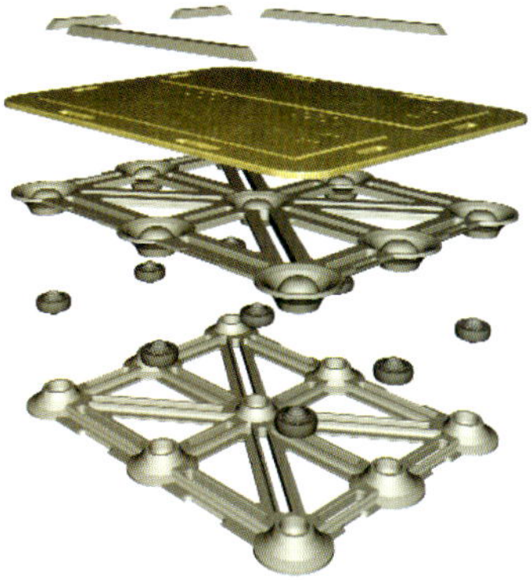

Die bionische Schockpalette besteht aus Deck- und Bodenplatte mit Dämpferfüßen und Dämpfermodulen.

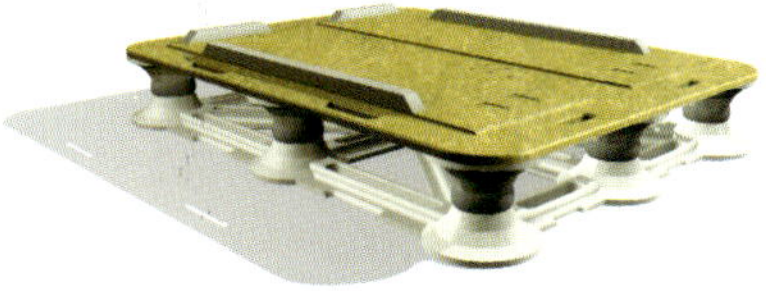

Modell der bionischen Schockpalette

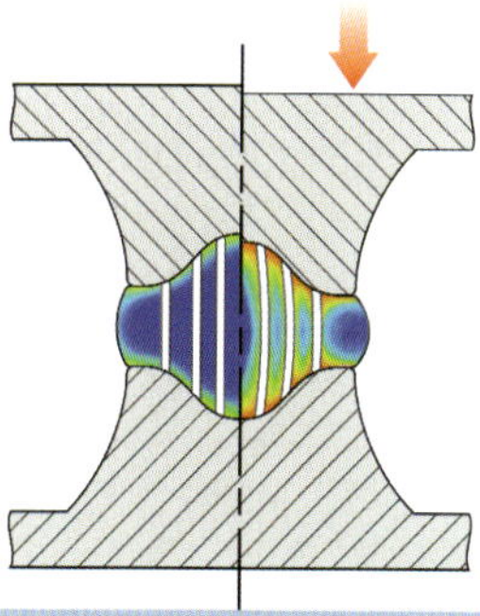

Simulation der Funktionsweise eines Dämpfermoduls

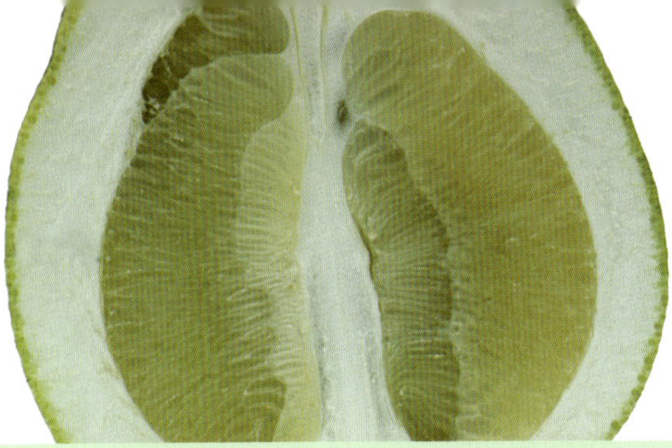
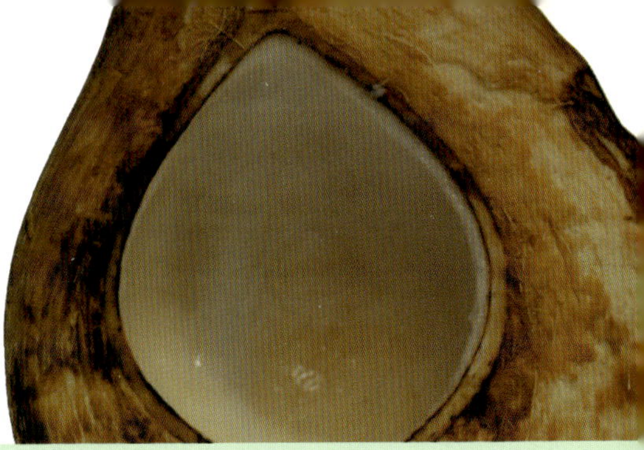

Längsschnitte durch eine Pomelo (links) und eine Kokosnuss (rechts) zeigen die dicke stark dämpfende Fruchtwand beider Früchte und die harte innere Fruchtwandschicht der Kokosnuss.

POMELO UND KOKOSNUSS – DÄMPFEN UND SCHÜTZEN

Früchte und Samen sichern als Ausbreitungsorgane den Fortbestand einer Pflanzenart. Früchte, die an hohen Bäumen wachsen, müssen gegen den heftigen Aufprall nach dem Abfallen wie auch gegen Beschädigungen durch die Zähne frucht- und samenfressender Tiere geschützt sein, die den im Samen befindlichen jungen Embryo beschädigen könnten. Im Lauf der Evolution haben die Früchte vieler Pflanzen wie Pomelo (*Citrus grandis*) und Kokosnuss (*Cocos nucifera*) spezielle Anpassungen hierfür entwickelt.

Die dicken Fruchtwände von Pomelo und Kokosnuss besitzen bei geringer Dichte hervorragende stoßdämpfende und durchstoßresistente Eigenschaften. Pomeloschalen bestehen aus schaumartigen Geweben mit variabler Porengröße. Im Inneren der Kokosnuss, die botanisch gesehen eine Steinfrucht ist, wird der Same durch eine harte, zähe Schale aus verholzten Steinzellen geschützt. Dieser Steinkern ist von einer stark dämpfenden Faserschicht umgeben.

Inspiriert vom Aufbau der Fruchtwände werden in einer Zusammenarbeit von Biologen des Botanischen Gartens Freiburg sowie Materialforschern und Ingenieuren der Technischen Universitäten Berlin und Aachen leistungsstarke bionische Strukturen zum Aufprall- und Durchstoßschutz sowie für Schutzbehälter entwickelt. Hierfür werden die Ideen aus der Natur in faserverstärkte Metallschäume mit durchstoßfesten Deckschichten überführt.

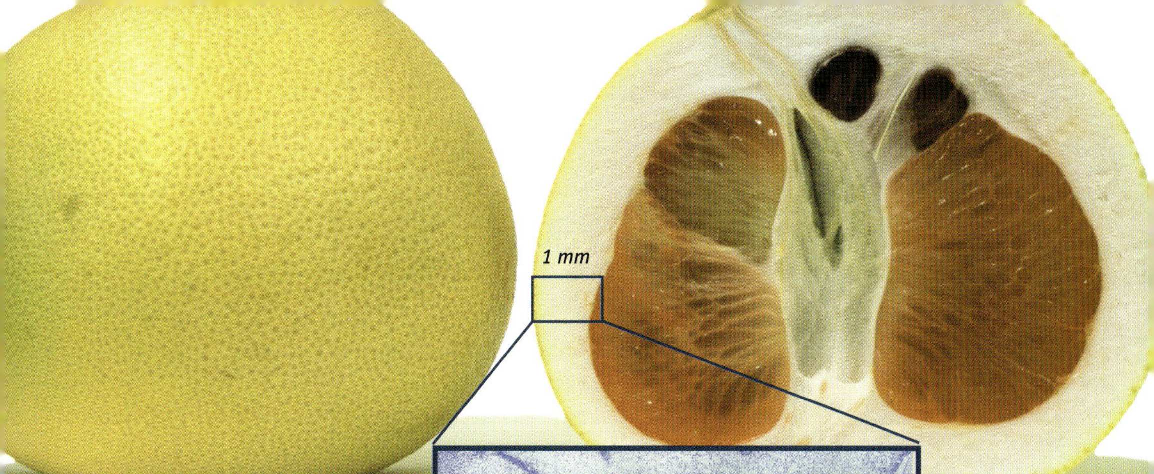

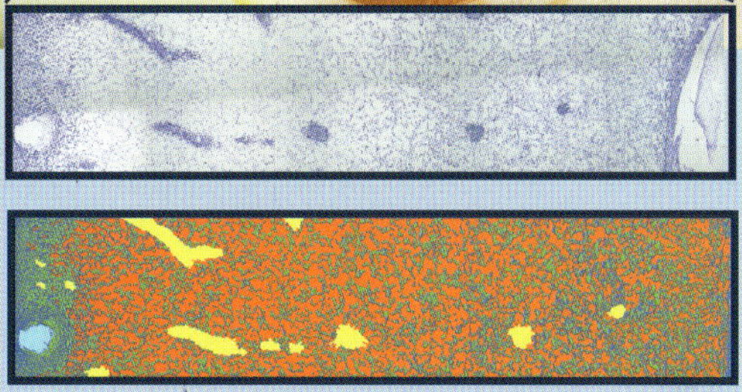

Verteilung von Zellwandmaterial (grünblau), Hohlräumen (rot) und Faserbündeln (gelb) in der Fruchtwand einer Pomelo (unten)

Neben ihrem hervorragenden Potential zum Schutz von Menschenleben (Helme, Schutzkleidung, Gefahrgutbehälter) können die durchstoßsicheren bionischen Dämpfungsmaterialien durch ressourcenschonende Leichtbauweise auch zur nachhaltigen Entwicklung beitragen.

Schemazeichnung eines innovativen von Fruchtwänden inspirierten bionischen Materials. Es besitzt Durchstoßschutz durch die massive äußere Schicht und gute Stoßdämpfung durch den in ein Fasergerüst eingebetteten Metallschaum.

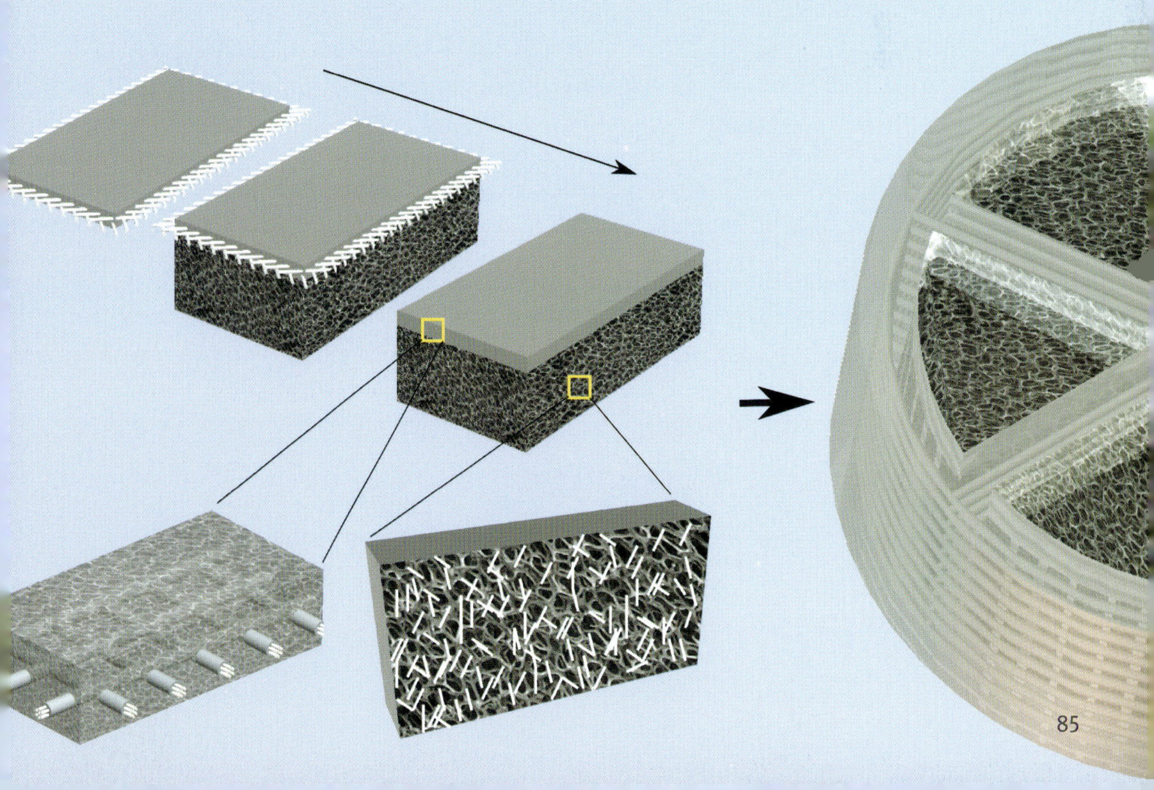

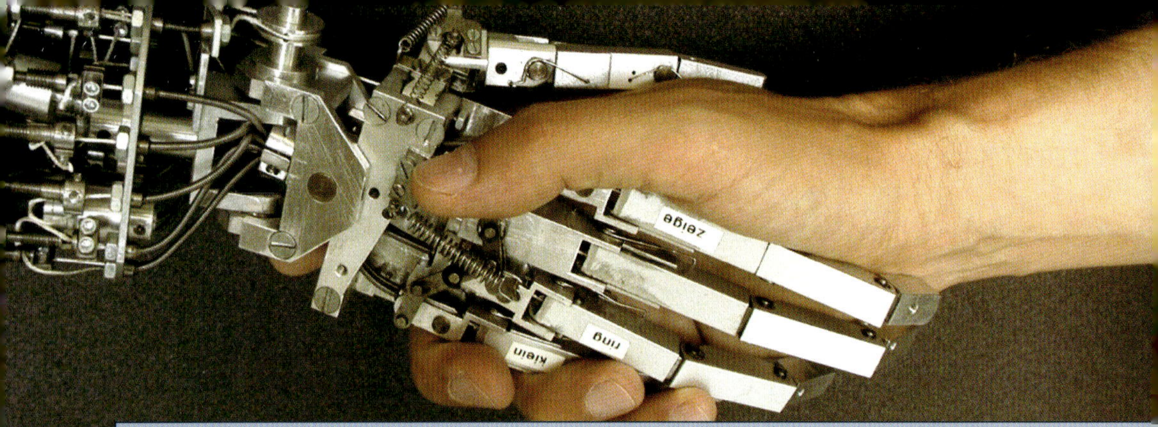

WARUM GIBT ES NICHT MEHR BIONIK-PRODUKTE?

Dr. Rainer Erb | BIOKON – Forschungsgemeinschaft Bionik-Kompetenznetz e.V.

Ob Klettverschluss, „Gecko-Tape", Fin Ray Effect®, selbstreparierende Materialien, bio-inspirierte Roboter und Kommunikationstechnologien oder innovative Leichtbaulösungen in der Architektur – es gibt mehr Bionik-Produkte, als es vermutet und erwähnt wird. So existieren rund um das Paradebeispiel der Bionik, den Lotus-Effect®, eine bahnbrechende Innovation, die zu den 12 wichtigsten Innovationen aus Deutschland der letzten 50 Jahre gezählt wird, mittlerweile rund 200 (!) Nebeninnovationen und zahlreiche Produkte.
Sind es also zu wenige Produkte, die die Bionik hervorbringt? Oder sind die Produkte beziehungsweise Produktbeiträge nur zu wenig sichtbar? Auch die Bionik muss selbstverständlich damit leben, dass ein Produkt oder Verfahren, einmal erfolgreich am Markt, ganz selbstverständlich dem Stand der Technik einverleibt wird. Roboter, Winglets, Klettverschluss – heute kaum noch wegzudenken, haben ihr Vorbild in der Natur. Auch beim Marketing der Produkte wird der Beitrag der Bionik in der Regel nicht erwähnt. Wenn beispielsweise bei Opel ein bionisch optimierter Achsschenkel neue Maßstäbe in puncto Leichtbau und Strukturfestigkeit setzt, wird das Auto nicht als bionisches Produkt beworben. Ähnliches trifft auch für die Produktbeiträge aus anderen Zulieferbereichen zu. Gut 98 Prozent der deutschen Autos haben tragende Teile, die bionisch optimiert sind. Das heißt, sie sind leichter, stabiler und materialsparender gebaut. Somit sind die Fahrzeuge spritsparender und stoßen weniger Kohlendioxid aus.

Innovativ und komplex

Es ist ein großer Vorteil bionischer Problemlösungen, dass sie in aller Regel ökonomisch und ökologisch gleichermaßen vorteilhaft sind. Nach-

Klettverschluss – Mikroskopische Aufnahme eines der bekanntesten Bionik-Produkte

haltigkeit ist einer der Haupttreiber für die Bionik. Eine Studie von Frost & Sullivan aus dem Jahr 2009 unterstreicht das. Wichtigstes Hemmnis, und auch das bestätigt diese Studie, ist die Komplexität der natürlichen Systeme mit den daraus resultierenden langen Produktentwicklungszeiten. Wie kann man die Anzahl und die Sichtbarkeit bionischer Markterfolge erhöhen?

Die Bionik trägt bereits heute mit wert- und nachhaltigen Lösungen und Produkten dazu bei, die Herausforderungen unserer Industriegesellschaft besser zu meistern. Um zukünftig das Spektrum des technisch Möglichen verstärkt durch marktgängige Innovationen nach dem Vorbild der Natur zu erweitern, bedarf es:

- vitaler Innovationspartnerschaften zwischen Wissenschaft und Wirtschaft. Dabei müssen Grenzen überschritten werden: die Grenze zwischen verschiedenen Natur- und Ingenieurwissenschaften ebenso, wie die Grenze zwischen Wissenschaft und Wirtschaft. Wissenschaftler und Unternehmenspartner werden dadurch in die Lage versetzt, Synergien zu nutzen und gemeinsam zu innovieren.
- verkürzter Transferzeiten – definitiv ja, aber es braucht gleichzeitig auch Beharrlichkeit und mutige persönliche Entscheidungen, eine Idee über den klassischen Förderzeitraum (Förderer), die Dauer einer Doktorarbeit (Wissenschaft) oder die immer weiter verkürzten Return-on-Invest-Fristen in den Unternehmen (Wirtschaft) hinaus zum Erfolg zu führen. Das lehren uns alle großen Erfolgsbeispiele der Bionik.
- einem Netzwerk wie BIOKON, das an der Schnittstelle Wissenschaft-Wirtschaft-Politik den Innovationstransfer vorantreibt und beschleunigt, das den Bionikern eine Heimat bietet und schlussendlich als Transmissionsriemen dient, um Patentlösungen aus der Natur für die Technik, Wirtschaft und Gesellschaft nutzbar zu machen.

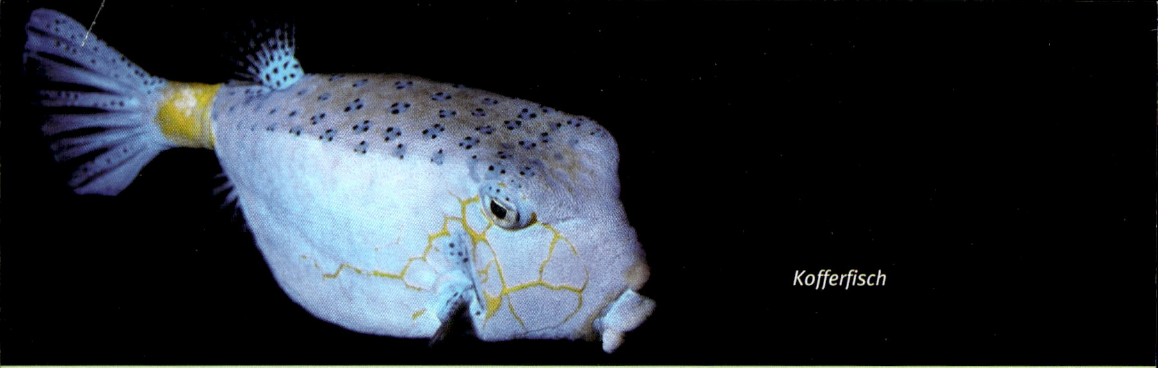

Kofferfisch

VOM WASSER AUF DIE STRASSE – EIN KOFFERFISCH AUF RÄDERN

Das Familienauto der Zukunft ist ein innovativer Kompaktwagen für vier Personen und Gepäck, das möglichst wenig Benzin verbraucht. Um den Kraftstoffverbrauch zu senken, muss das Fahrzeug leicht und strömungsgünstig sein. Bei der Entwicklung eines solchen Fahrzeugs suchten die Ingenieure der Daimler AG nach Vorbildern in der Natur. Fündig wurden sie beim Kofferfisch. Im Jahr 2005 stellten sie den Mercedes-Benz bionic car der Öffentlichkeit vor.

Gelbbrauner Kofferfisch (Ostracion cubicus)

Der Gelbbraune Kofferfisch *(Ostracion cubicus)* ist ein Riffbewohner tropischer Gewässer. Überraschend ist, dass er trotz seiner plump erscheinenden, eckigen Gestalt sehr strömungsgünstig ist. In seiner natürlichen Riffumgebung ist das von großem Vorteil: er hat dadurch eine sehr stabile Wasserlage. Sein stabiler und leichter Schutzpanzer aus sechseckigen Knochenplatten bewahrt ihn vor Verletzungen.

Die Übertragung der Strömungseigenschaften des kleinen Kofferfischs im Wasser auf ein großes Auto, das sich in Luft fortbewegt, ist beim Mercedes-Benz bionic car gelungen. Das Fahrzeug vereint maximales Volumen mit minimalem Strömungswiderstand. Seine durch Einsatz der SKO-Methode (Soft Kill Option) optimierte Leichtbau-Karosserie bringt 30 % Ge-

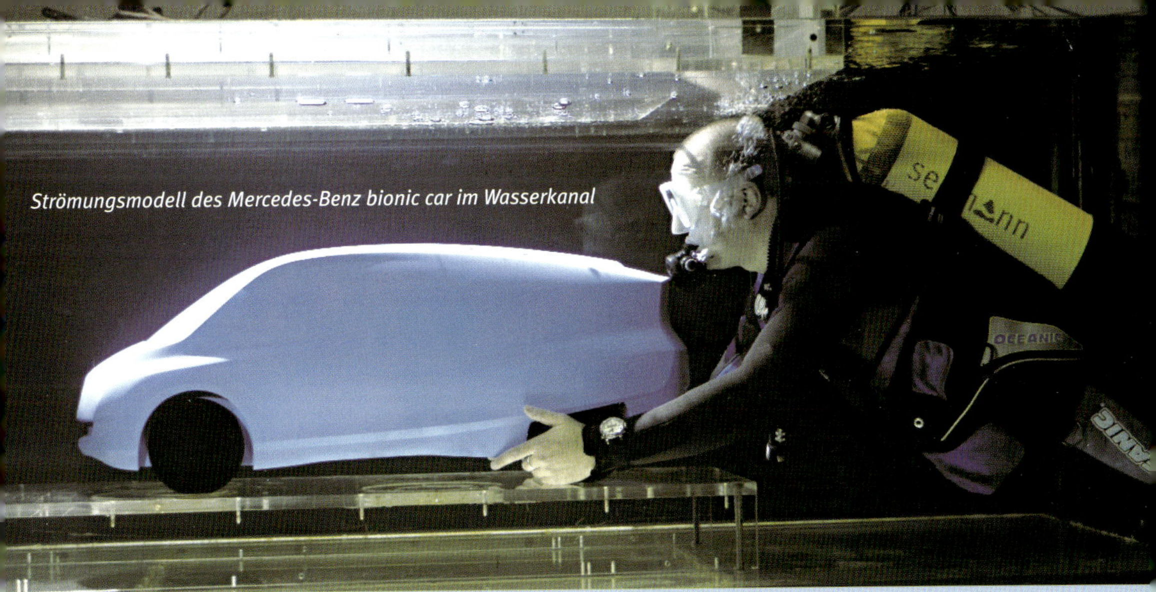

Strömungsmodell des Mercedes-Benz bionic car im Wasserkanal

wichtsersparnis. Leichtbau und windschnittige Form haben zu einer Einsparung des Treibstoffverbrauchs um 20 % gegenüber vergleichbaren Fahrzeugen geführt.

Originalgetreuer Modellnachbau des Kofferfisches für den Test im Windkanal

Das „Kofferfisch-Auto“ ist ein Konzeptfahrzeug. Das bedeutet, dass er bisher nur als Prototyp gebaut wurde. Die Ingenieure haben in diesem Projekt mit Hilfe der Bionik erfolgreich nach neuen Wegen im Automobilbau gesucht.

Mercedes-Benz bionic car

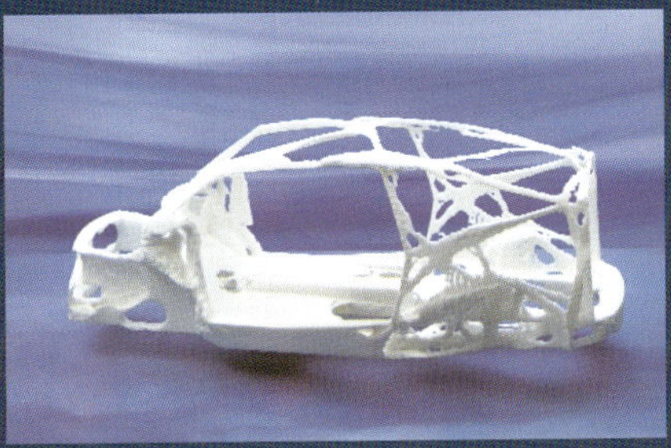

Leichtbaukarosserie optimiert mit Hilfe der SKO-Methode

Strömungsmodell des Mercedes-Benz bionic car im Windkanal

Gepard (Acinonyx jubatus) beim schnellen Lauf

SICHER DURCH ENGE KURVEN – „GEPARDENGRIP" FÜR AUTOREIFEN

Fast jeder kennt es, das unangenehme Gefühl den Kontakt zur Straße zu verlieren und ins Rutschen zu kommen, sei es, weil man zu schnell in eine Kurve gefahren ist oder weil die Fahrbahn durch Regen, Schnee oder Eis glatt geworden ist. Reifenhersteller widmen sich dieser Problematik seit vielen Jahren und entwickeln immer neue Reifenmodelle mit verbessertem „Grip", d.h. mit besserer Haftreibung, um die Fahrsicherheit zu erhöhen.

Der bionische Reifen ContiPremiumContact

Obwohl in der Evolution keine Räder als Fortbewegungsmittel entstanden sind, gibt es Tiere, die genau für diese Problemstellungen als Vorbilder dienen können. Ideengeber für eine Haftverbesserung in Kurven sind Geparden, die als schnellste Läufer des Tierreichs engste Haken schlagen können, ohne abzurutschen. Für eine sichere Fortbewegung auf Eis und Schnee können Eisbären als Vorbild dienen. Bei beiden Tierarten werden zwar auch die Krallen eingesetzt, wesentlich für die guten Hafteigenschaften sind aber die Tatzenform und die Struktur der Fußsohlen. Bei Geparden spreizen sich infolge des erhöhten Anpressdrucks in den Kurven und beim Abbremsen die Tatzen und vergrößern so die Kontaktfläche mit dem Boden. Beim Eisbären besitzen die Fußsohlen Oberflächenstrukturen, die ein Rutschen auf Eis oder Schnee verhindern.

Formveränderung der Tatze einer Raubkatze: schmal beim Geradeauslaufen (links), breit bei Sprung, Landung, Abbremsen und beim Kurvenlauf (rechts)

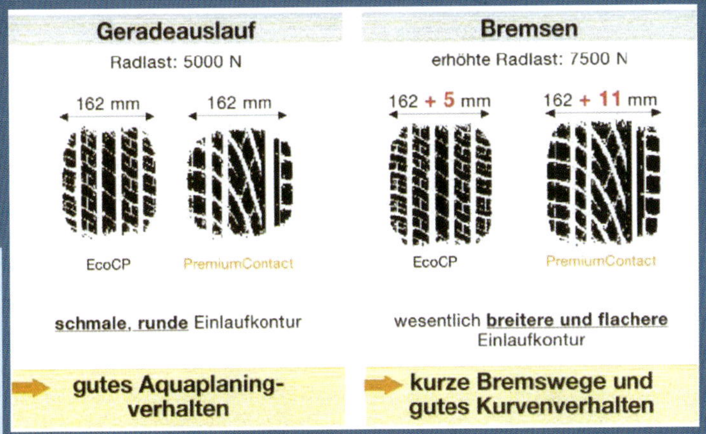

Reifenbreite eines konventionellen Reifens (EcoCP) und des bionischen PremiumContact-Reifens beim Geradeauslauf und beim Bremsen. Beim bionischen Reifen kann der Bremsweg um bis zu 10 % verkürzt werden.

Inspiriert von Geparden und Eisbären wurden von der Firma Continental AG verschiedene bionische Reifentypen entwickelt. Der ContiPremiumContact, der im Jahr 2000 auf den Markt kam, verbreitert sich beim Bremsen und in Kurven stärker als konventionelle Reifen, wodurch sich – wie beim Geparden – die Kontaktfläche erhöht, während bei Geradeausfahrt Kontaktfläche und damit auch Rollreibung und Energieverbrauch gering sind. Winterreifen wurden, um die Fahrsicherheit auf Eis und Schnee zu erhöhen, mit Feinstrukturen versehen, die denen auf den Sohlen von Eisbären ähneln. Bei der Reifenentwicklung wurden Gummimischung und Reifenstruktur mit Hilfe der Evolutionsstrategie weiter optimiert (siehe S. 58). Durch diese bionischen Entwicklungen konnte die Fahrsicherheit von Autos erhöht werden.

Getrocknetes Exemplar des Schwarzen Kiefernprachtkäfers Melanophila acuminata (Sammlungsmaterial, Beine entfernt). Der rote Pfeil weist auf das Infrarotsensororgan der linken Körperseite.

MANCHE MÖGEN'S HEISS – FEUERMELDER AUF SECHS BEINEN

Es brennt! Ein Ruf, der Angst macht und Gedanken an Flucht aufkommen lässt. Das trifft aber nicht auf Prachtkäfer der Gattung *Melanophila* zu. Diese suchen gezielt Flächen auf, die frisch abgebrannt sind, um nach der Paarung ihre Eier in verkohlte Bäume abzulegen. Um Waldbrände auch auf große Entfernungen wahrnehmen zu können, besitzen die Käfer empfindliche Wärmesensoren.

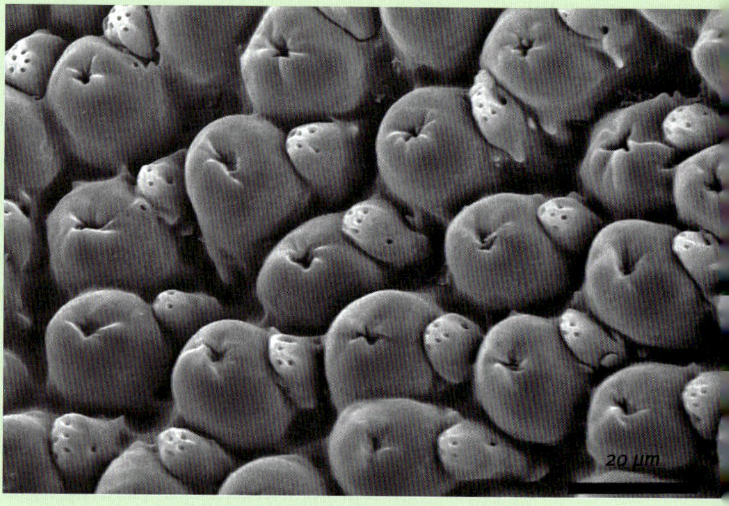

Blick auf die Infrarotrezeptoren in einem Infrarotsensororgan. Die Infrarotstrahlung wird von den kuppelförmigen Rezeptoren absorbiert. Zwischen den Infrarotrezeptoren befinden sich jeweils mit Poren besetzte Ausführgänge von Wachsdrüsen.

Anders als Thermorezeptoren von Schlangen nehmen die Käfer Wärme indirekt durch Absorption der Infrarotstrahlung und die daraus resultierende Ausdehnung im Inneren einer winzigen Kutikulakugel wahr. Dadurch wird eine Nervenzelle mechanisch gereizt. Das Material der Kutikulakugeln ist auf das Emissionsspektrum eines Waldbrands im mittleren Infrarot abgestimmt und so empfindlich, dass ein Brand auch noch aus vielen Kilometern Entfernung entdeckt werden kann.

Testaufbau eines makroskopischen Infrarotsensors nach dem Käferprinzip. Von links einfallende Infrarotstrahlung (roter Pfeil) wird in einer mit verschiedenen Flüssigkeiten befüllbaren Kammer absorbiert und bewirkt eine leichte Verformung einer Membran auf der gegenüberliegenden Seite, die von einem Sensor gemessen wird. Der Durchmesser der Messkammer beträgt 3 cm.

Schema eines bereits verkleinerten Demonstrators. Der Durchmesser des Sensors beträgt 13 mm.

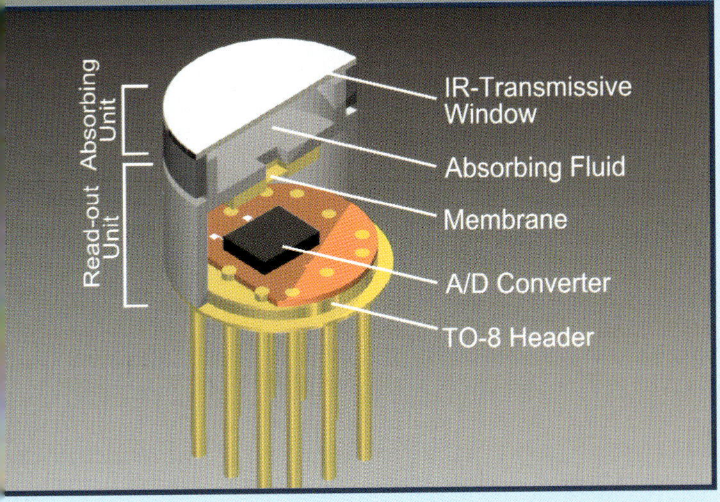

Bei der Umsetzung in einen technischen fotomechanischen Infrarotsensor wurden folgende Charakteristika übertragen: (1) die Absorption der Wärmestrahlung durch ein an die Wellenlänge der infraroten Strahlung angepasstes Material bzw. eines Fluids, welches sich bei Erwärmung ausdehnt, (2) der mechanische Sensor sowie (3) die Anordnung der Komponenten. Er stellt damit grundsätzlich eine neue Art von Infrarotsensor dar.

Viele Infrarotsensoren reagieren nur auf Temperaturänderungen oder zeigen eine geringe Empfindlichkeit. Letztere kann durch eine energieaufwändige Kühlung verbessert werden. Andere reagieren nur sehr träge. Daher besteht ein enormer Bedarf an effizienten Infrarotsensoren, wie den von den Prachtkäfern inspirierten bionischen Neuentwicklungen.

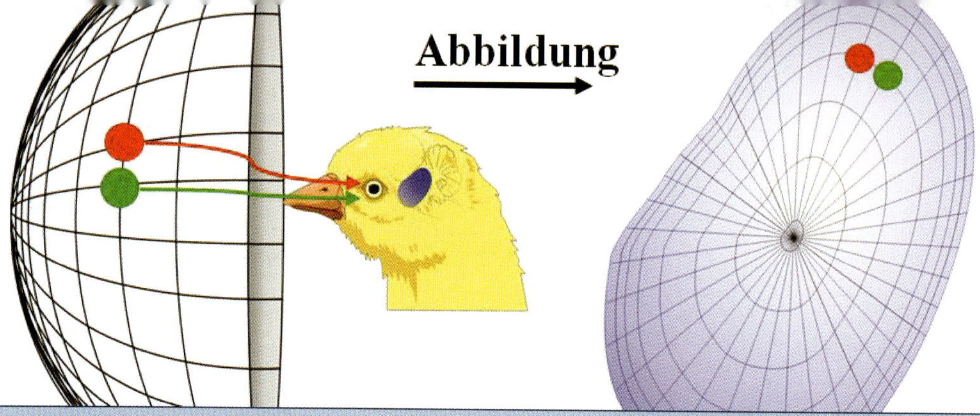

NEUROBIONIK – BIONISCHE INFORMATIONSVERARBEITUNG

Dr. Tobias Kohl und Prof. Dr. Harald Luksch | Technische Universität München

Um als Organismus in den verschiedensten Lebensräumen zu überleben, müssen Tiere auf Änderungen in ihrer Umgebung angemessen reagieren können. Hierfür nehmen Sinneszellen physikalische Umweltreize auf und wandeln diese in neuronale Signale um. Nachgeschaltete Nervenzellen (Neurone) leiten die Signale anschließend in Form von Aktionspotentialen zum zentralen Nervensystem (ZNS) weiter, wo sie mit Hilfe von Netzwerken ausgewertet werden. Diese Auswertungsprozesse umfassen Vorgänge wie etwa das kontextabhängige Herausfiltern von überlebenswichtigen Informationen über potentielle Beutetiere oder Fressfeinde. Als Ergebnis dieser Auswertung werden dann Verhaltensreaktionen in Form von Bewegungen ausgelöst.

Neurobiologische Prozesse lassen sich also vereinfacht in drei Bereiche aufteilen: die Umwandlung von Reizen in neuronale Signale (Sensorik), die Auswertung der Informationen im zentralen Nervensystem (Datenverarbeitung) und die Verhaltensreaktion (Motorik). Obwohl diese drei Bereiche für einen Organismus nur im Zusammenspiel von Nutzen sind, werden die Bereiche in der aktuellen bionischen Forschung häufig unabhängig voneinander erforscht. Sensorik und Motorik sind mittlerweile als eigene Teildisziplinen in der Bionik etabliert. Die Neurobionik im engeren Sinn bezeichnet daher vor allem die Analyse und die bionische Nutzung der zentralnervösen Datenverarbeitung. Abzugrenzen ist dabei die Neuroprothetik, die als Teilgebiet der Medizin das Ziel hat, beschädigte sensorische oder motorische Organe durch technische Lösungen zu ersetzen. Neurobionik strebt dagegen nach dem Verständnis zentralnervöser Datenverarbeitung und der technischen Umsetzung durch die Abstraktion von Algorithmen.

⇠ *Räumliche Abbildung der Umgebung in einer neuronalen Karte. Reize aus benachbarten Raumpunkten aus der Umwelt eines Organismus (links) werden zentralnervös in benachbarten Regionen des Gehirns räumlich abgebildet (rechts).*

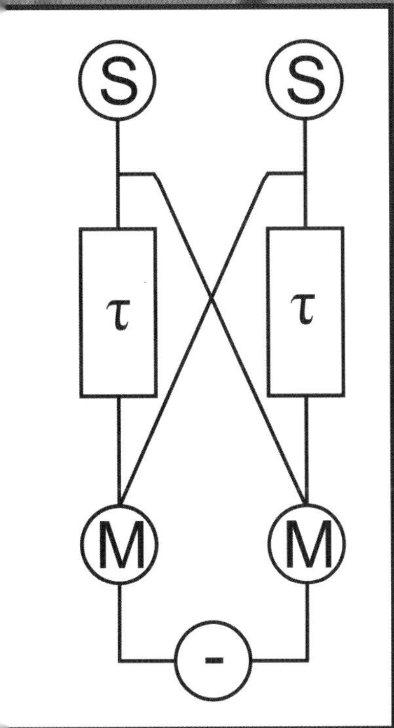

Reichardt-Hassenstein-Detektor. In zwei benachbarten sensorischen Sinneszellen (S) wird die Luminanz des einfallenden Lichts gemessen. Die Weiterleitung eines der Signale wird durch einen Tiefpassfilter mit der Zeitkonstante τ (griech. tau) zeitlich verzögert bevor die beiden Signale durch einen Multiplizierer (M) miteinander multipliziert und anschließend subtrahiert werden.

Der Anwendungsbereich für die erhaltenen Algorithmen ist vielfältig. So ermöglichen elementare Bewegungsdetektoren im visuellen System von Insekten eine schnelle Reaktion auf sich nähernde Objekte. Das bekannteste Beispiel derartiger Bewegungsdetektoren ist der bei Fliegen beschriebene Reichhardt-Hassenstein-Detektor, der die Korrelation zwischen der Helligkeit zweier benachbarter Punkte auf der Retina ermittelt. Durch einen zeitlichen Filter wird eines der beiden Signale verzögert, wodurch die Richtungssensitivität des Detektors erreicht wird. Der Detektor spricht nur dann an, wenn die Verzögerung des zeitlichen Filters identisch ist mit der Geschwindigkeit einer Reizbewegung. Technische Anwendung finden derartige Bewegungsdetektoren z.B. bei der autonomen Steuerung von Robotern mit Hilfe von VLSI-Chips oder kamerabasierter Trackingsoftware.

Neben den beschriebenen Mechanismen zur Bewegungsdetektion verfügen viele abbildende Sinnessysteme über effektive Mechanismen zur Mustererkennung. Die Sinnesorgane bestehen dabei aus einer Vielzahl von gleichartigen Sinneszellen, welche durch die Anordnung in einem Array Informationen aus verschiedenen Richtungen aufnehmen und dadurch in der Lage sind, die Umgebung räumlich abzubilden. Das Zentralnervensystem verarbeitet diese Informationen in geordneten neuronalen Karten, so dass Informationen aus benachbarten Raumpunkten in benachbarten Nervenzellen repräsentiert werden. Diese räumliche Anordnung ermöglicht eine effektive Kontrastverstärkung durch einfache neuronale Netz-

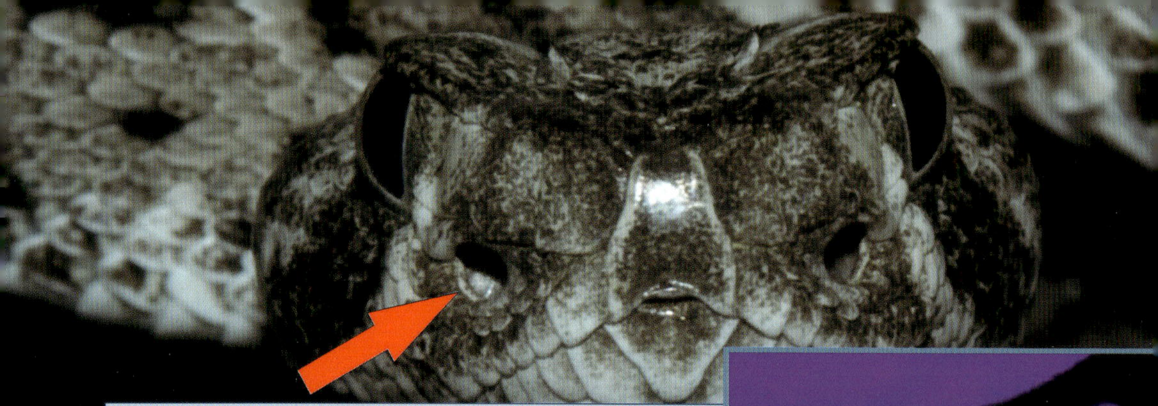

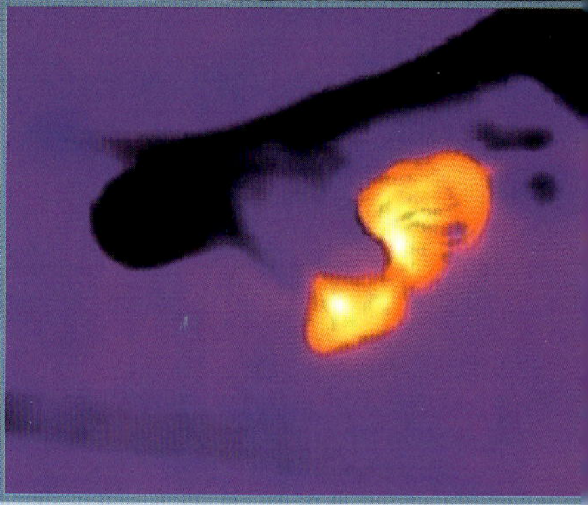

werke. Ein sensorisches Neuron erregt dabei ein nachgeschaltetes Neuron, welches den gleichen Raumpunkt in der Umgebung repräsentiert. Das sensorische Neuron aktiviert zusätzlich Interneurone, welche nachgeschaltete Neurone hemmen, die benachbarte Raumpunkte repräsentieren. Dieser als laterale Inhibition bekannte Mechanismus existiert in vielen Sinnessystemen und bildet die Grundlage für die Erkennung von Kanten und daraus zusammengesetzten Objekten.

Die meisten Lebewesen nehmen ihre Umwelt aber nicht nur durch ein einziges Sinnessystem wahr. Klapperschlangen können beispielsweise eine warmblütige Maus auf unterschiedliche Weise wahrnehmen. Durch ein spezialisiertes Infrarotsystem sind einige Schlangen (Grubenottern und Riesenschlangen) in der Lage, Beute selbst bei vollkommener Dunkelheit anhand der abgestrahlten Wärme zu orten. Wenn bei Tageslicht die Augen die Schlange mit zusätzlichen Informationen versorgen, werden diese beiden Sinnessysteme aber nicht getrennt voneinander verarbeitet, sondern im Mittelhirn durch integrierende Neurone kombiniert. Diese multimodale Informationsverarbeitung unterscheidet sich stark von der herkömmlichen Informationsverarbeitung in technischen Systemen. Diese (z.B. Roboter) besitzen zwar ebenfalls verschiedene Sensortypen, verarbeiten die Informationen aber größtenteils getrennt voneinander. Die Mechanismen der multimodalen Informationsverarbeitung bei Tieren sind allerdings bisher nur unzureichend verstanden. Aktuelle Forschungsprojekte lassen aber darauf hoffen, dass die Leistungsfähigkeit biologischer Systeme in naher Zukunft auch in bionischen Anwendungen für die Technik verfügbar sein wird.

⇠ Westliche Diamantklapperschlange (Crotalus atrox). Der rote Pfeil markiert das Infrarotorgan mit dem die Schlange ihre warmblütige Beute in der Nacht aufspüren kann. Links unten: Infrarotbild einer Schlange mit einer erbeuteten Maus, aufgenommen mit einer konventionellen Infrarotkamera in einer abgedunkelten Umgebung.

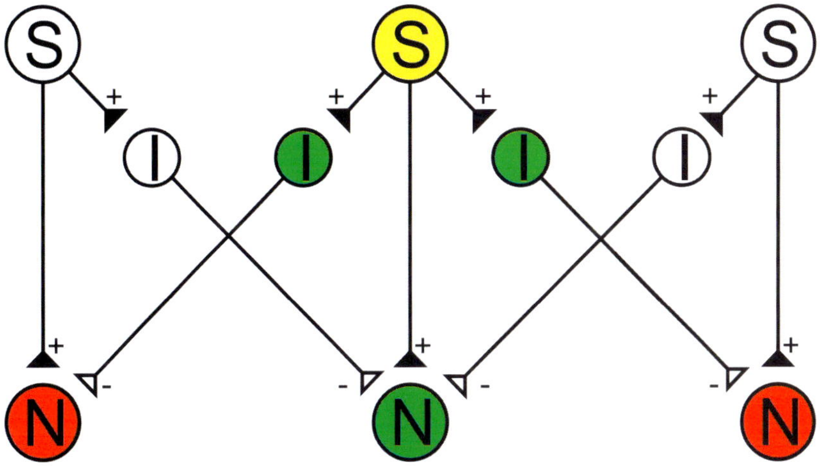

<u>OBEN:</u> Mechanismus der lateralen Inhibition (Hemmung). Eine Sinneszelle (S) wird durch einen Umweltreiz erregt (gelb), während benachbarte Sinneszellen durch den gleichen Reiz schwächer oder gar nicht erregt werden (weiß). Die erregte Sinneszelle aktiviert eine nachgeschaltete Nervenzelle (N), welche den gleichen Punkt in der Umgebung repräsentiert, wodurch diese ebenfalls erregt wird (grün). Durch inhibitorische (hemmende) Interneurone (I) steht die erregte sensorische Sinneszelle mit weiteren nachgeschalteten Nervenzellen in Verbindung, welche benachbarte Raumpunkte repräsentieren. Durch den inhibitorischen Einfluss der Interneurone werden diese Nervenzellen gehemmt (rot), wodurch sich eine Kontrastverstärkung des Reizes ergibt.

<u>UNTEN:</u> Im Mittelhirn der Klapperschlange erfolgt die multimodale Informationsverarbeitung durch sechs verschiedene Typen von bimodalen Neuronen. Die Neurone können entweder durch alleinige Stimulation mit einem Infrarotreiz (IR) oder einem visuellen Reiz (Visuell) erregt werden. Sogenannte „Oder-Neurone" antworten nur, wenn beide Reize gleichzeitig präsentiert werden (IR+Visuell). Die Antworteigenschaften auf die getrennte Stimulation und auf eine Kombination aus beiden Reizen können in einfache Binärcodes übertragen werden und bilden die Grundlage für Algorithmen zur multimodalen Integration der beiden Sinnessysteme.

Zelltyp:	IR	**Visuell**	**IR + Visuell**	**Binärcode**
Oder	Ja	Ja	Ja (aufsummiert)	1 1 1
Und	Nein	Nein	Ja	0 0 1
Visuell (IR-verstärkt)	Nein	Ja	Ja (verstärkt)	0 1 1
Visuell (IR-gehemmt)	Nein	Ja	Ja (gehemmt)	0 1 0
Infrarot (Visuell – verstärkt)	Ja	Nein	Ja (verstärkt)	1 0 1
Infrarot (Visuell - gehemmt)	Ja	Nein	Ja (gehemmt)	1 0 0

Telefonieren gehört heute zu den wichtigsten Kommunikationsmöglichkeiten und wird für viele Gehörlose durch ein Cochlea-Implantat wieder möglich.

WEG AUS DER STILLE – COCHLEA-IMPLANTAT

Musik hören und telefonieren ist für viele Menschen ganz selbstverständlich. Jedoch nicht für diejenigen, die gehörlos geboren wurden oder ihr Hörvermögen durch Unfall oder Krankheit verloren haben. In den 1970er Jahren gelang es mit dem Cochlea-Implantat erstmals das menschliche Hörorgan teilweise durch eine Prothese zu ersetzen. Den Betroffenen kann damit ein Teil ihres Hörvermögens zurückgegeben werden.

Das menschliche Hörorgan besteht aus Ohren, Hörnerv und Hirnrinde. Sie alle spielen zusammen und vermitteln, was wir als Höreindruck wahrnehmen. Die ankommenden Schallwellen durchqueren den Gehörgang, werden vom Trommelfell über die Gehörknöchelchen bis zur Hörschnecke (Cochlea) übertragen. Dort wandert eine Schallwelle bis zur Schneckenspitze. Die Haarsinneszellen im Inneren der Cochlea wandeln diese mechanischen Schwingungen in Nervenimpulse um, die ans Gehirn weitergeleitet werden. Lautstärke, Klang und Richtung des Schallsignals sowie Tonhöhe hängen von der Stärke der Erregung der Haarsinneszellen sowie von ihrem Ort in der Hörschnecke ab.

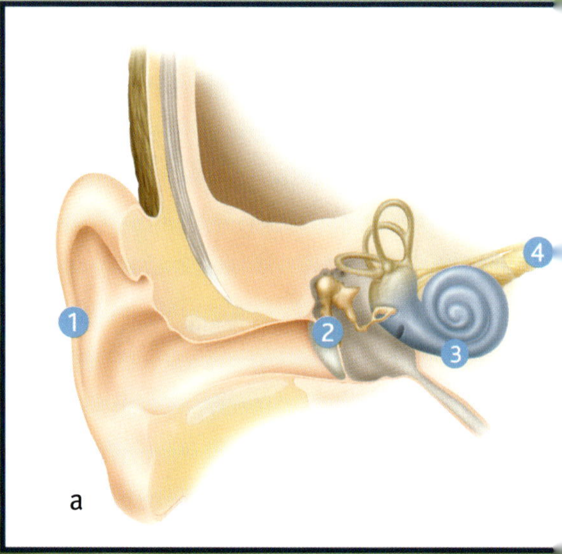

Das Cochlea-Implantat ist eine Hörprothese für Gehörlose, deren Hörnerv noch funktioniert. Ein Mi-

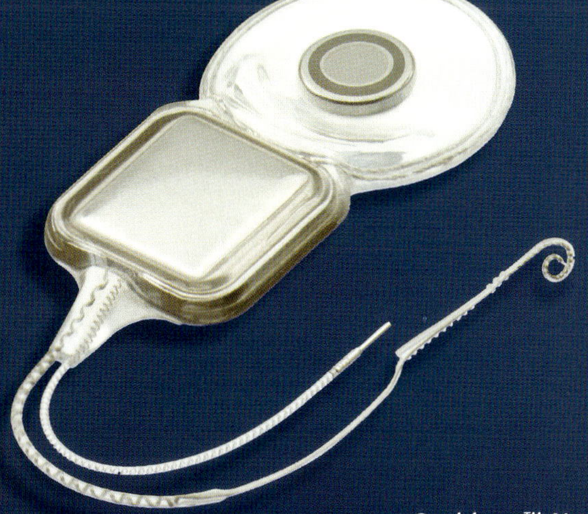

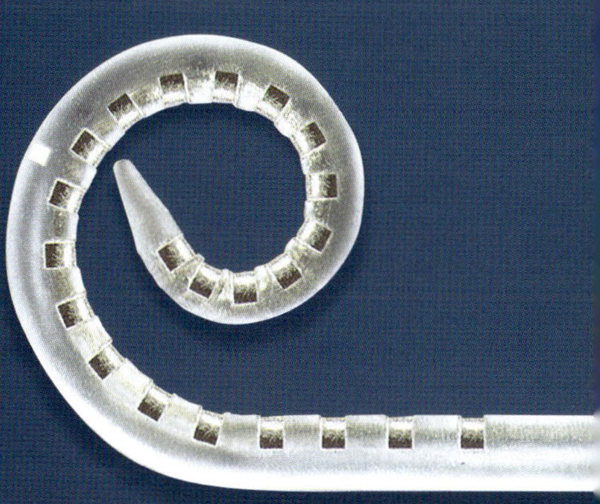

Cochlear ™ Nucleus® CI512 Cochlear Implant with Contour Advance ™ Electrode

krofon fängt die Schallwellen aus der Umgebung auf, die in elektrische Signale umgewandelt und an eine implantierte Empfängerspule gesendet werden. Diese Spule regt über 24 Elektroden direkt den Hörnerv des Ohres an. Ab der Stimulation der Nervenzellen läuft wieder alles auf „natürlichen Wegen“. Dennoch unterscheidet sich das Hören mit einem Cochlea-Implantat stark vom natürlichen Hören.

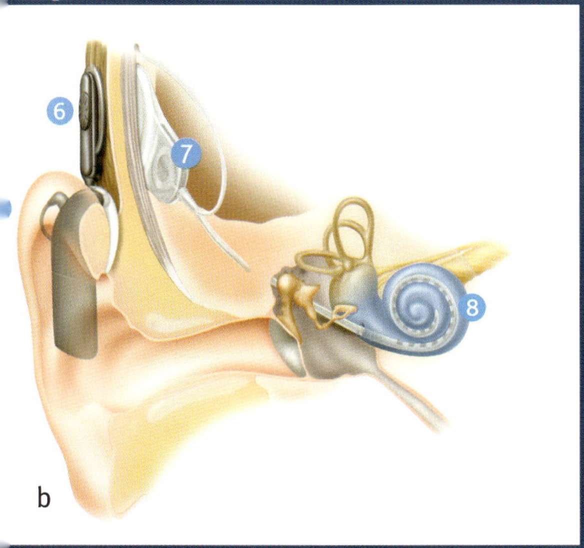

Beiträge zur Nachhaltigkeit leistet das Cochlea-Implantat beispielsweise dadurch, dass es Chancengleichheit im Hinblick auf Bildung, Beruf und Information gewährleistet.

a) Die Schemazeichnung zeigt die am Hörvorgang beteiligten Strukturen: (1) Ohrmuschel, Trommelfell (2) mit Gehörknöchelchen, (3) Hörschnecke (Cochlea) und (4) Hörnerv.

b) Komponenten eines Cochlea-Implantats mit (5) externem Sprachprozessor, (6) externer Sendespule, (7) implantierter Empfängerspule, (8) Elektroden, die in die Cochlea eingeführt wurden.

BIONIK IN ARCHITEKTUR UND BAUTECHNIK

Prof. Dr. Jan Knippers | Universität Stuttgart und Prof. Dr. Thomas Speck | Universität Freiburg

An Gebäude werden heute immer komplexere Anforderungen bezüglich Nutzung, Ökologie und Ökonomie gestellt, die sich teilweise widersprechen und im Laufe des Lebenszyklus' verändern. Dadurch angetrieben wurden in den vergangenen Jahren erhebliche technische Fortschritte im Bereich einzelner Komponenten erzielt, z.B. bei Gebäudeautomatisierung oder Baustoffentwicklung. Ganzheitlich neue Ansätze für strukturell, funktional und ökologisch effiziente Gebäude sind jedoch eher von einem interdisziplinären Ansatz zu erwarten.

Die Bionik ist für die Architektur hierbei von besonderem Interesse, da die Biologie nicht nur Anregungen zu neuen technischen Lösungen liefert, sondern auch vielfältige Parallelen zur Architektur aufweist. So sind das Entwerfen in der Architektur und die biologische Evolution keine determinierten, sondern ergebnisoffene Prozesse, die ständiger Veränderung und Anpassung unterworfen sind. Architektur und Bautechnik beschreiben ihre Konstruktionen in den weitgehend voneinander getrennten Kategorien „Material", und „Struktur". Typischerweise wird eine beschränkte Zahl monofunktionaler Konstruktionselemente verwendet, die in ähnlicher Form aus verschiedensten Materialien realisiert werden. Die typischerweise multifunktionalen natürlichen Konstruktionen zeigen dagegen eine große Vielfalt an hierarchischen Strukturierungsmöglichkeiten einer beschränkten Anzahl makromolekularer Grundbausteine. Eine Trennung in die Kategorien „Material“ und „Struktur“ ist hierbei nicht möglich.

Paradigma aller Baukonstruktionen war bis vor wenigen Jahren die Verwendung vieler gleicher Teile, die auf einfache Weise angeordnet und gefügt werden. Dies hat sich in den letzten zehn Jahren durch die Einführung

← *Dieses Bild der 2009 fertiggestellten „My Zeil" in Frankfurt (Architekt: Massimiliano Fuksas; Tragwerksplanung der Stahl-Glas-Konstruktion: Knippers Helbig Advanced Engineering) zeigt, dass heute durch die Einführung computergestützter Planungs- und Fertigungsverfahren komplexe Geometrien mit zahllosen unterschiedlich geformten Einzelelementen möglich sind.*

An der anlässlich der Expo 1967 in Montreal vom Architekten Buckminster Fuller gebauten Biosphère, einer geodätischen Kuppel, lässt sich ein bis vor wenigen Jahren gültiges, zentrales Paradigma aller Baukonstruktionen verdeutlichen: die Verwendung vieler gleicher Teile, die auf möglichst einfache Weise angeordnet und gefügt werden.

computergestützter Planungs- und Fertigungsverfahren grundlegend geändert, wodurch sich völlig neue Möglichkeiten für ein bionisches Bauen eröffnen.

- **Computergestützte Entwurfs- und Planungsverfahren** erlauben die generative Beschreibung und statische Analyse komplexer Geometrien in der Architektur, die dann durch computergestützte Fertigungsmethoden hergestellt werden.
- **Numerische Simulationsverfahren** zur Beschreibung hierarchisch strukturierter Materialien erlauben es, komplexe natürliche Systeme auf verschiedenen Größenebenen zu beschreiben und (bioinspirierte) Werkstoffe zu optimieren.
- **Generative und robotische Fertigungsverfahren** ermöglichen es hierarchisch strukturierte und funktionsintegrierte Materialsysteme der Natur im Nano- und Mikromaßstab nachzubilden. Neue Entwicklungen machen die Herstellung bionischer Strukturen im Makromaßstab für die Architektur denkbar.

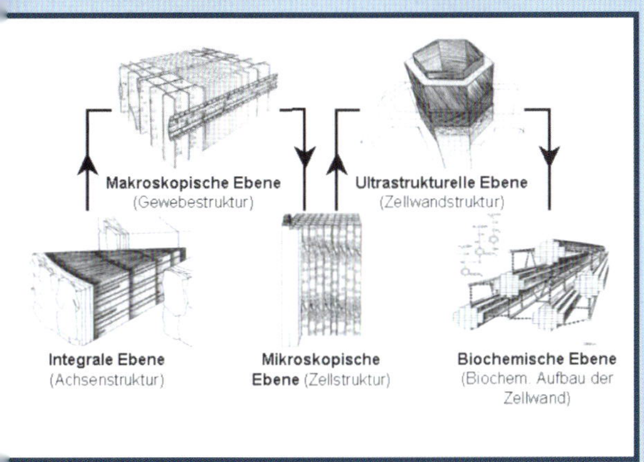

Fünf hierarchische Strukturebenen von Pflanzenachsen am Beispiel einer Waldkiefer (Pinus sylvestris). Die hierarchische Strukturierung eines Kiefernstamms umfasst 12 Größenordnungen (Größenordnung Stammlänge: 10^{2} m; molekularer Aufbau der Tracheidenwand 10^{-10} m).

Biologische Materialien und Strukturen entstehen nach „Konstruktionsprinzipien", die im Bauwesen bisher nicht oder nur in Ansätzen verwirklicht sind und vielfältig vernetzte multiple Funktionen ermöglichen:

- **Heterogenität:** In biologischen Materialien ermöglichen chemische und strukturelle Heterogenitäten lokale Anpassungen an die kleinräumig wechselnden selektiven Anforderungen (z.B. Chitinpanzer von Insekten).
- **Anisotropie:** Biologische Strukturen besitzen durch unterschiedliche Dichte und Richtung von Fasern, wie Zellulose, Chitin oder Kollagen, häufig gerichtete, d.h. anisotrope Eigenschaften und können zudem als passive Aktuatoren fungieren (z.B. feuchteabhängige Bewegung von Zapfenschuppen).
- **Hierarchie:** Natürliche Konstruktionen besitzen einen hierarchischen Aufbau über mehrere Größenordnungen von der makroskopischen Ebene des Organismus bis hinab zur Molekülebene (z.B. Aufbau von Baumstämmen oder Glasschwämmen).
- **Funktionale Redundanz:** Biologische Systeme sind häufig redundant, d.h. unterschiedlich geformte und gekoppelte Einzelelemente führen zu identischen Funktionen (z.B. kinematisches System in Fischkiefern).
- **Multifunktionalität:** Die Grundbausteine natürlicher Konstruktionen stützen nicht nur die Struktur, sondern fungieren gleichzeitig als Transport-, Katalysator- und Sensor-/Aktorsysteme und sind zu vielfältigen Self-X-Funktionen befähigt (z.B. Selbstorganisation, Selbstadaptivität, Selbstheilung, Selbstreinigung).

In der Bautechnik werden Heterogenität und Anisotropie in Ansätzen genutzt, während funktionale Redundanz, Hierarchie und Multifunktionalität kaum bekannt sind. Neue technische Entwicklungen ermutigen, diese biologischen Prinzipien zu untersuchen und zu nutzen.

- **Heterogenität:** Baukonstruktionen mussten – aus Gründen des Fertigungsaufwands – bis vor wenigen Jahren eine modulare Geometrie besitzen. Heute ermöglichen digitale Planungs- und Fertigungsmethoden

⟵ Der 2011 von Studierenden der Architektur und des Bauingenieurwesens der Universität Stuttgart entworfene und gebaute ICD/ITKE Forschungspavillon demonstriert die architektonischen Möglichkeiten aktueller computergestützter Planungs-, Simulations- und Fertigungsverfahren. Inspiriert wurde der Pavillon durch die verzahnte Plattenskelett-Konstruktion des Sanddollars. Jedes der einzelnen Plattenelemente des Pavillons hat eine andere Form. Die Platten wurden mit mehr als 10.000 individuell geformten Zapfen verzahnt.

Siebenachs-Roboterarm zur computergesteuerten Herstellung von Konstruktionselementen mit komplexer Geometrie wie er beim Bau des ICD/ITKE Forschungspavillons zum Einsatz kam. ⟶

komplexe Geometrien und einen heterogenen Aufbau der Konstruktion.

- **Anisotropie:** Moderne Verbundwerkstoffe mit beanspruchungsgerecht angeordneten Glas- oder Kohlenstofffasern werden im Fahrzeug- und Flugzeugbau zunehmend verwendet. Ihr Einsatz in der Architektur und Bautechnik steht dagegen noch ganz am Anfang.
- **Hierarchie und funktionale Redundanz:** Moderne Ansätze für hochbeanspruchte Tragstrukturen verwenden statt statisch bestimmter Systeme zunehmend Strukturen mit erhöhter Redundanz. Die Potentiale von hierarchischem Aufbau und funktionaler Redundanz werden allerdings noch nicht genutzt.
- **Multifunktionalität:** Die Integration von monofunktionalen Komponenten in multifunktionale Materialsysteme wird aktuell erforscht (z.B. Energiekonzepte für Gebäudehüllen). Systeme, die mit einheitlicher Beschaffenheit multiple Funktionen erfüllen, sind in Architektur und Bautechnik bisher nicht bekannt.

Das Plattenskelett des Sanddollars, der zur Klasse der Seeigel gehört, hat einen modularen Aufbau aus polygonalen Platten, die fingerähnlich verzahnt sind. Das Skelett lieferte die Grundidee für die Baustruktur des 2011 realisierten ICD/ITKE Forschungspavillons.

Die Auseinandersetzung mit den im Verlauf von 3,8 Milliarden Jahren Evolution entstandenen und optimierten biologischen Vorbildern führt zu Anregungen, wie diese abstrahiert und durch Übertragung in bioinspirierte technische Entwicklungen für ganzheitlich effiziente Gebäudestrukturen genutzt werden können. Es wird sehr spannend, die Entwicklung einer bionischen Architektur und deren Auswirkung für Nutzer und Städtebau zu verfolgen.

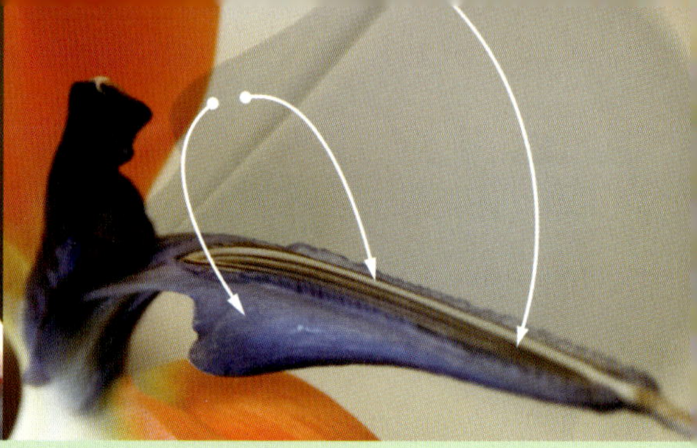

Blüte der Paradiesvogelblume (Strelitzia reginae) mit Bestäuber auf der violetten Sitzstange

Funktionsmechanismus der Sitzstange

BIONISCHE FASSADENVERSCHATTUNGEN – FLEXIBEL, FORMSCHÖN UND WARTUNGSFREI

Bewegliche Strukturen in Technik und Architektur werden heute meist aus einer Kombination von steifen Stäben und Platten mit Scharnieren gebaut. Besonders die Scharniere erfahren durch die ständige Bewegung hohe Belastungen und werden stark abgenutzt. Deshalb müssen Scharniere regelmäßig gewartet oder sogar ersetzt werden. Bei Pflanzen gibt es hingegen viele Bewegungen, die durch elastische Biegsamkeit ohne Scharniere funktionieren.

Die Blüten der Paradiesvogelblume (*Strelitzia reginae*) besitzen vier orange und zwei violette Blütenblätter. Sie werden von Vögeln bestäubt, die sich auf die violette, aus zwei verwachsenen Blütenblättern aufgebaute Sitzstange setzen. Diese biegt sich durch das Gewicht des Vogels nach unten, wodurch die Seiten nach außen klappen und dabei Staubblätter und Griffel freigeben. Hierdurch wird die Bestäubung möglich. Tests zeigen, dass die Sitzstange bis zu 3000 Mal „aufgebogen“ werden kann, ohne dass es zu einer Materialermüdung kommt.

Verschiedene Phasen der Öffnung der Sitzstange der Paradiesvogelblume bei einer simulierten Belastung durch einen bestäubenden Vogel. Von oben links nach unten rechts: Sitzstange geschlossen, zu einem Viertel geöffnet, halb geöffnet und voll geöffnet, mit freigelegten Staubblättern und Griffel.

Simulation von drei Stellungen mit unterschiedlichem Verschattungsgrad der bionischen Fassadenverschattung Flectofin®

Die bionische Fassadenverschattung Flectofin® wurde von Biologen des Botanischen Gartens Freiburg und Architekten der Universität Stuttgart in Zusammenarbeit mit Textilingenieuren des ITV Denkendorf entwickelt. Sie haben den Klappmechanismus der Paradiesvogelblume untersucht, abstrahiert und technisch umgesetzt. Wie das biologische Vorbild ist das bionische Produkt ein gelenkfreier, stufenlos einstellbarer Klappmechanismus. Er kann überall dort zum Einsatz kommen, wo bewegliche Lamellen benötigt werden. Neben ihren funktionellen Vorteilen und ästhetischen Aspekten trägt die bionische Entwicklung auch zur Nachhaltigkeit bei, da weniger Wartung nötig ist und keine Scharniere ausgetauscht werden müssen. Für die Entwicklung der bionischen Fassadenverschattung Flectofin® wurden die Biologen und Ingenieure mit dem Techtextil Innovation Prize Architecture 2011 und dem International Bionic-Award 2012 ausgezeichnet.

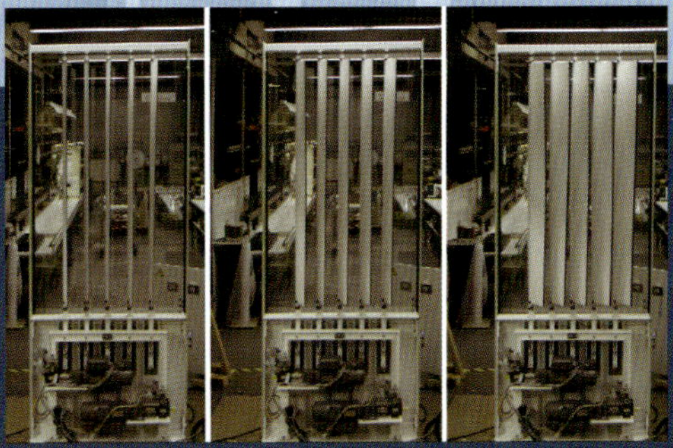

Prototyp der bionischen Fassadenverschattung Flectofin®

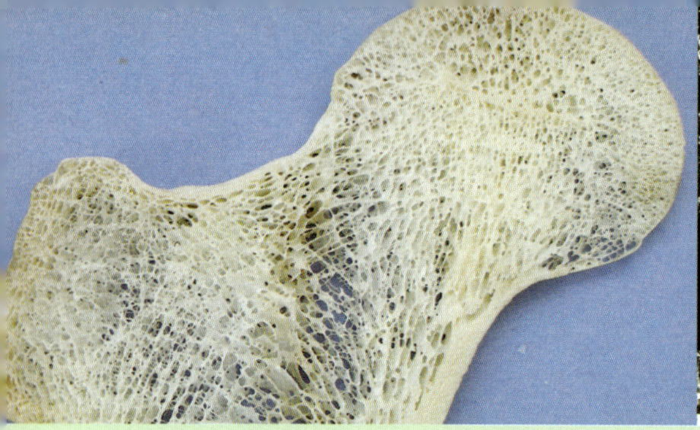

Im Längsschnitt des Oberschenkelknochens sind die Knochenbälkchen deutlich zu erkennen.

Rohbau des alten Zoologiehörsaals der Universität Freiburg

VON KNOCHEN UND STAHLBETON – BIONISCHE ARCHITEKTUR

Es scheint ein Widerspruch in sich zu sein: Knochen sind gleichzeitig stabil und leicht. Einerseits müssen sie stabil sein, denn sie tragen das gesamte Körpergewicht. Andererseits müssen sie leicht sein, denn zusätzliches Gewicht kostet unnötig Energie bei der Fortbewegung. Betrachtet man einen Knochen im Längsschnitt, dann erkennt man, dass er nicht massiv ist, sondern aus einem feinen Netz von Knochenbälkchen besteht.

Bereits im Jahr 1870 erkannte der Ingenieur K. Cullmann, dass die Knochenbälkchen genau dem Verlauf der theoretisch ermittelten Druck- und Zuglinien folgen. Dieses Leichtbauprinzip wurde unter anderem beim Bau des Eiffelturms im Jahr 1889 angewandt.

Die Deckenkonstruktion des alten Zoologiehörsaal der Universität Freiburg erfolgte ebenfalls nach dem Konstruktionsprinzip der Knochen. Im Jahr 1963 hatte der Architekt Hans-Dieter Hecker den Auftrag für den Neubau bekommen. Wie die Knochenbälkchen sind die Rippen der Betondecke entsprechend der Kraftlinien orientiert. Durch die Übertragung des Leichtbauprinzips der Knochen auf die Stahlbetondecke entstand ein Bauwerk, das leicht und stabil zugleich ist.

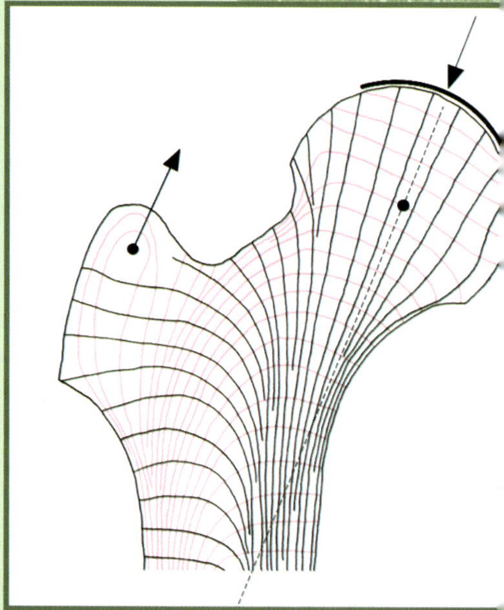

Kraftlinien eines Röhrenknochens im Längsschnitt

Beleuchtete Nachtaufnahme des alten Zoologiehörsaals der Universität Freiburg

Durch ihre Ästhetik und den Symbolcharakter, dass bewusst das biologische Vorbild Knochen für die Konstruktion eines Hörsaals gewählt wurde, in dem Biologen ausgebildet werden, trägt die Hörsaaldecke zum Erhalt der kulturellen Vielfalt bei und leistet somit einen Beitrag zur Nachhaltigkeit.

Simulation der Hörsaaldecke

Blatt des Ginkgobaums (Ginkgo biloba) mit gabelig (dichotom) verzweigten Blattadern

Dichotome (gabelteilige) Verzweigung der Blattadern im Blättchen des Frauenhaarfarns (Adiantum capillus-veneris)

BIONISCHE WÄRMETAUSCHER – FLÜSSIGKEITSTRANSPORT NACH DEM VORBILD DER BLATTADERUNG

Hocheffiziente verzweigte Transportsysteme sind in der Natur weit verbreitet. Am bekanntesten sind der Blutkreislauf der Wirbeltiere mit seinem vielfach verzweigten Adersystem und das Wasserleitsystem der Pflanzen. Die Transportmechanismen und die optimierten Verzweigungsmuster haben sich im Verlauf der Evolution über Jahrmillionen entwickelt. Sie stellen eine gleichmäßige und energieeffiziente Versorgung aller Zellen im Körper bzw. aller Pflanzenteile von der Wurzel bis zu den Blättern sicher. Beim ursprünglichsten Blattaderungstyp gabeln sich die Blattadern dichotom, d.h. Y-förmig in zwei gleichartige Äste auf. Dieser Aderungstyp tritt heute beispielweise noch in den Blättern von Ginkgo und Frauenhaarfarn auf.

Dieser Aderungstyp war Ausgangpunkt für eine bionische Entwicklung. Das Fraunhofer-Institut für Solare Energiesysteme in Freiburg stellte 2005 das Computerprogramm FracTherm® vor, mit dem – inspiriert von der Biologie – fraktale Kanalstrukturen für Solarabsorber in Sonnenkollektoren und andere Wärmetauscher berechnet werden können. Solarabsorber erwärmen sich bei Sonneneinstrahlung und geben diese Wärme an ein flüssiges Medium ab, das als Wärmeträger fungiert. Von der Blattaderung inspirierte, mehrfach-dichotom verzweigte Kanalstrukturen erlauben es, die Absorberfläche gleichmäßiger zu durchströmen, wodurch hohe Druckverluste vermieden werden können.

Bionisch optimierte Kanalstrukturen zeigen im Vergleich mit klassischen seriellen und parallelen Kanalanordnungen sehr gute Kennwerte, da bei ihnen für das Pumpen des Wärmeträger-Mediums weniger Energie verbraucht wird. Inspiriert vom Verzweigungsmuster der Blattadern lassen sich somit energiesparende und effizientere Wärmetauscher bauen. Für die Entwicklung des Computerprogramms FracTherm® zur Berechnung bionischer Wärmetauscher wurde 2008 der International Bionic-Award verliehen.

Prototyp eines Solarkollektors marktüblicher Größe (Fläche: 1,9 m²) mit bionischem FracTherm®-Solarabsorber

Mäanderförmige, harfenförmige, und bionische Kanalanordnungen in Wärmetauschern

In mitteleuropäischen Zoos kann sich das Fell der Eisbären grün verfärben, wenn sich Algen in den hohlen Haaren ansiedeln.

Eisbären in der Arktis besitzen ein dichtes, fast perfekt weißes Fell.

TRANSPARENTE WÄRMEDÄMMUNG UND KLIMATISIERUNG – ENERGIEEFFIZIENTES BAUEN NACH DEM VORBILD EISBÄRFELL

Es gibt Tiere und es gibt Tiere, die uns faszinieren und die Phantasie anregen. Dazu gehören sicher Eisbären, Raubtiere, die aufgrund ihrer Größe, Kraft und auch der weißen Farbe wegen Gegenstand vieler Mythen und Legenden sind. Auch in der Bionik wird der Eisbär als Vorbild genannt, wenn es um die Anpassung an extreme, kalte Lebensräume geht.

Die Eisbärhaare sind farblos und hohl. Durch Totalreflexion und Streuung des Lichts erscheint der Bär weiß. Während einige Untersuchungen die Lichtleitung durch die Haare hin zur schwarzen Haut zu belegen scheinen, streiten andere genau diese Eigenschaft ab. Die Erwärmung der schwarzen Haut durch die eindringende Infrarotstrahlung ist daher stark umstritten.

Die Haare des Eisbären besitzen einen zentralen Kanal, der entweder hohl oder gefüllt ist, woraufhin die Vermutung formuliert wurde, sie dienten dazu Licht auf die schwarze Haut zu leiten und diese zu erwärmen. Die Ergebnisse dieser Messungen sind jedoch stark umstritten.

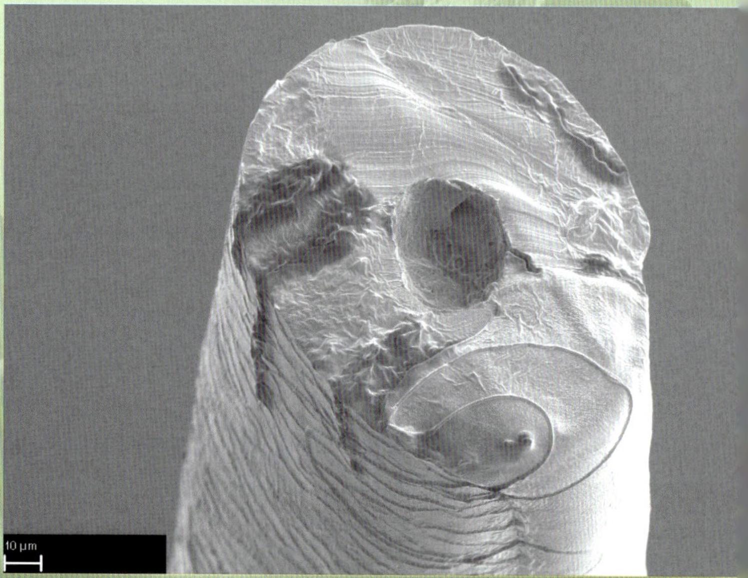

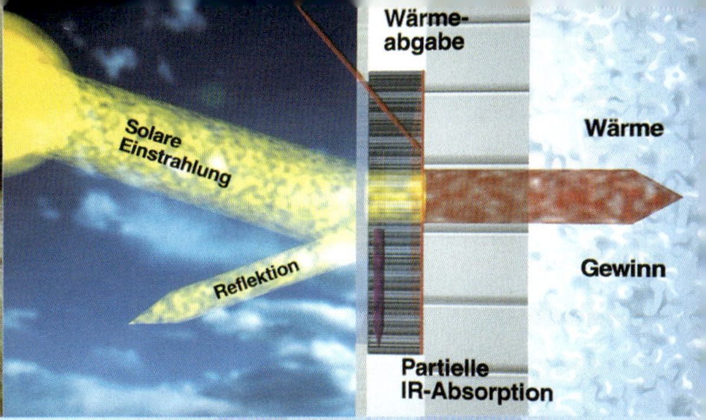

Der Eisbär besitzt ein dichtes, durch Totalreflexion des Lichtes weiß erscheinendes Fell. Darunter befindet sich die nahezu schwarze Haut.

Prinzip der transparenten Wärmedämmung, die durch das Eisbärfell inspiriert wurde.

Unabhängig von der Richtigkeit der Hypothesen hat das Eisbärfell zur Entwicklung transparenter Wärmedämm- und Lichtleitungselemente inspiriert. Sowohl im Bereich Glas als auch bei Fassadenelementen wird Licht durch hohle Fasern auf eine schwarze Absorberschicht geleitet, die sich dann erwärmt. Die gasgefüllten Röhrchen verringern gleichzeitig Wärmeverluste durch Konvektion.

Fazit: Auch umstrittene biologische Hypothesen können zu nützlichen Ergebnissen führen. Letztendlich wurden innovative Produkte durch eine Inspiration aus der Biologie entwickelt, auch wenn sich die zugrundeliegende Ausgangsüberlegung vielleicht als falsch erweisen sollte. Dem Eisbär hilft eine effizientere Energienutzung durch den Menschen auf jeden Fall, da sich hierdurch die globale Erwärmung verlangsamen lässt und somit der Lebensraum der Eisbären erhalten werden kann.

Die solare Wandheizung StoSolar liefert durch das Prinzip der transparenten Wärmedämmung passive Solarenergie und erhöht den Wohnkomfort.

Ein Spinnennetz aus Seide als Beispiel für ein Strukturprotein, das mittels molekularer Bionik und weißer Biotechnologie technisch hergestellt und verarbeitet werden kann.

MOLEKULARE BIONIK – VOM MOLEKÜL ZUR TECHNISCHEN ANWENDUNG

Dr. Hendrik Bargel und Prof. Dr. Thomas Scheibel | Universität Bayreuth

Mit biogenen Molekülen und daraus aufgebauten Materialien beschäftigt sich die noch junge Forschungsrichtung der molekularen Bionik. Dabei geht es um die Analyse der Grundbausteine natürlicher Materialien in Bezug auf Eigenschaften und intra- und intermolekulare Wechselwirkungen. Zu biopolymeren Grundbausteinen zählen neben Polysacchariden, Nukleinsäuren, Proteinen und Lipiden auch anorganische Biomineralien, die zum Beispiel in Verbundmaterialien wie Knochen, Zähnen oder Muschelschalen zu finden sind. Biomakromoleküle (mineralisiert oder nicht) weisen meist einen hierarchischen Aufbau auf, d.h. einen Aufbau vom Kleinen zum Großen, der auf molekularer Ebene durch modulare Einheiten geprägt ist. Die Zusammenlagerung der modularen Bestandteile zu größeren funktionellen Einheiten basiert häufig auf Selbstassemblierungsprozessen, unterstützt durch Hilfsstrukturen und intermolekulare Wechselwirkungen. D.h. die Bildung größerer funktioneller Einheiten aus modularen Blöcken läuft entlang eines Energiegefälles im wässrigen System „wie von selbst".

In den letzten Jahren sind etliche Ansätze der Übertragung molekularer Prinzipien auf technische Materialien und deren Herstellung (Materialgenese) etabliert worden, da sich erstens das detaillierte Wissen über Struktur-Funktionsbeziehungen der Biopolymere stark erweitert hat und zweitens Fortschritte in der biotechnologischen Herstellung von Biopolymeren und designten, biomimetischen Pendants mit spezifisch geänderten Funktionen erzielt wurden. Durch die sogenannte weiße Biotechnologie können wirtschaftlich rentable Ausbeuten von Biopolymeren produziert werden.

Miesmuscheln haften sich mit ihren Haftfäden an Steinen und vielen anderen Materialien fest. Die Klebeproteine der adhäsiven Plaques am Ende der Fäden härten unter Wasser aus und sind Vorbild für innovative Feuchtkleber.

Von besonderem Interesse für die Materialwissenschaft sind dabei unter anderem Proteine. Sie kommen in allen Lebewesen vor und übernehmen viele wichtige Aufgaben als Enzyme, Antikörper, Hormone, Ionenpumpen oder als Strukturmaterial. Dabei zeigen sie unterschiedliche dreidimensionale Strukturen: Enzyme und Hormone haben meist globuläre Strukturen, Strukturproteine sind hingegen oft faserförmig und langgestreckt. Bekannte Strukturproteine sind Keratine in Haaren, Kollagene in der Haut, Elastine in Blutarterien und Bändern oder Seide von Insekten und Spinnen in Kokons oder Netzen. Charakteristisch für diese Proteine ist ihr Aufbau aus sich wiederholenden Abschnitten. Dabei haben die genannten Beispiele jeweils für sie typische Aminosäure-Motive, die für spezifische Eigenschaften verantwortlich sind. So ist das einfache, nur sechs Aminosäuren umfassende repetitive Motiv [GAGAGS, mit G = Glycin; A = Alanin; S = Serin] der Seide des Seidenspinners verantwortlich für kristalline, mechanisch feste Bereiche im Faden. Durch das Verwenden der natürlichen Sequenzen in Kombination mit synthetischen Polymeren wie beispielsweise PEG (Polyethylenglykol) können diese spezifischen Eigenschaften in neuen Polymeren mimetisch dargestellt und sogar funktionell erweitert werden. Letzteres betrifft zum Beispiel die Modifikation mit kurzen Aminosäure-Motiven für verbesserte Zelladhäsion, oder die Kombination der Sequenzen aus verschiedenen Strukturproteinen, zum Beispiel

Seiden-Elastin-Proteine. Das Protein-Design kann gezielt dazu eingesetzt werden, um Eigenschaften wie eine Vielfalt von Bindungsmöglichkeiten (beipielsweise zu Metall-Ionen oder Biomineralien) oder Bioabbaubarkeit in Polymermaterialien einzubauen. Die Einsatzbereiche erstrecken sich von der Biomedizin bis in die Nanobiotechnologie, z.B. als hochsensible Miniatursensoren.

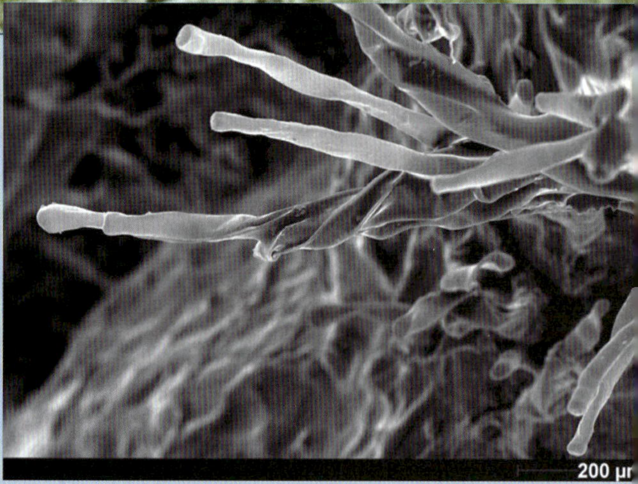

Trieb des Europäischen Efeus (Hedera helix) mit Haftwurzelcluster an der Unterseite. Wurzelhaare an Haftwurzeln des Efeus (unten), diese bewirken durch Kontraktion den Formschluss mit dem Haftsubstrat.

Neben Strukturproteinen stellen auch Enzyme oder ganze molekulare Funktionskomplexe beispielsweise der pflanzlichen Photosynthese interessante Ideengeber für die molekulare Bionik dar. Hier ist die gezielte Optimierung von Enzymfunktionen durch sogenannte „chemische Evolution", d.h. zufällige Veränderungen der katalytischen Zentren und anschließende kombinatorische Auswahl der besten Enzymvarianten, ein wichtiger Ansatz. Auf diesem Weg können optimierte Enzyme für neue Reaktionen hergestellt werden. Die Entwicklung der synthetischen Fotosynthese ist dagegen noch im Anfangsstadium. Auf der Suche nach langzeitstabilen organisch-chemischen Strukturen wurden erste einfache Halbleitersysteme basierend auf Kohlendioxid und Ammoniak vorgeschlagen, die aber noch eine geringe Energieausbeute haben. Eine effiziente und rentable synthetische Photosynthese wäre ein großer Schritt in Richtung einer nachhaltigen zukünftigen Energieversorgung.

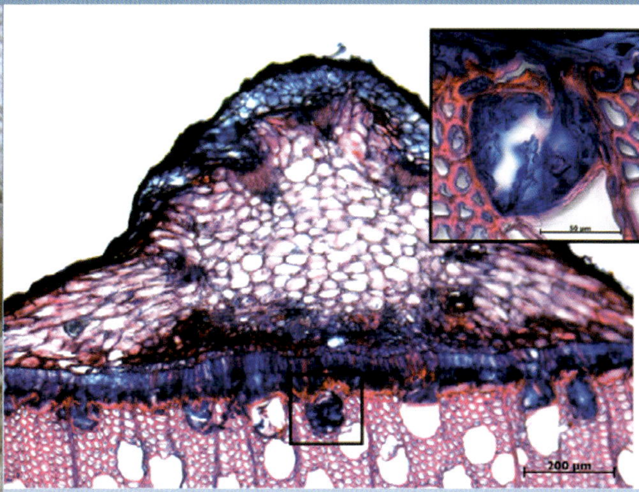

↑ *Längsschnitt durch ein Haftpad, welcher den guten, durch eine dünne Klebeschicht (blau) vermittelten Formschluss zwischen Haftpad und Untergrund zeigt.*

← *Ranke des Wilden Weins (Parthenocissus tricuspidata) mit neun Haftpads, die eine sehr hohe Haftkraft besitzen und als Vorbild für hoch belastbare permanente bionische Anhaftsysteme dienen.*

Kleben wie in der Natur ist ein weiteres aktuelles Thema der molekularen Bionik. Dabei sind ganz unterschiedliche Systeme von Tieren und Pflanzen Vorbilder, z.B. die Klebeproteine der Haftfäden von Miesmuscheln, die Klebetropfen von tierfangenden (carnivoren) Pflanzen oder die Haftorgane von Kletterpflanzen wie Efeu und dem Wilden Wein. Die Grundlage der verschiedenen Klebesysteme liegt in der (Bio-)Chemie der Haftsekrete und/oder in der (Mikro-)Struktur der Haftorgane. So kommt in den Haftproteinen der Muscheln eine veränderte Aminosäure (DOPA) vor, die viele Bindungsmöglichkeiten zu Metallen, Keramiken, Holz oder sogar Glas hat, und das unter Wasser – ein ideales Vorbild für die Klebstoffchemie. Die detaillierte Erforschung der natürlichen Vorbilder dient als Grundlage für die Entwicklung von biologisch inspirierten polymeren Materialien bzw. Strukturen mit permanenter, hochfester Haftung.

Die Bedeutung der molekularen Bionik zeigt sich auch in der Förderung von Großforschungsprojekten sowie in aktuellen Programmen der Deutschen Forschungsgemeinschaft zu Materialbildung und hierarchischen Strukturen oder der Ausschreibung „Molekulare Bionik“ des Landes Baden-Württemberg.

Die Europäische Gartenkreuzspinne (Araneus diadematus) baut ihr Radnetz mit fünf verschiedenen Seidentypen, die in unterschiedlichen Drüsen produziert werden und die perfekt an die jeweiligen Anforderungen angepasst sind.

KÜNSTLICHE SPINNENSEIDE – VIELFÄLTIG VERNETZTE ANWENDUNGEN

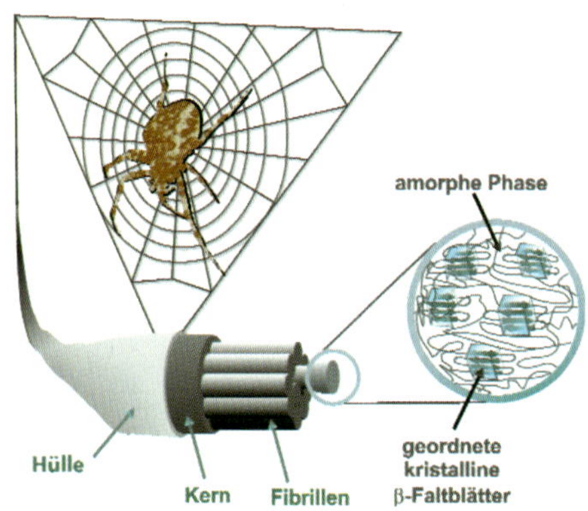

Hierarchischer Aufbau des Rahmen- bzw. Abseilfadens einer Spinne

Webspinnen sind achtbeinige Gliedertiere, die mit speziellen Drüsen im Hinterleib Seide produzieren. Sie schützen damit Eier in Seidenkokons oder fangen Beute. Etwa die Hälfte der 42.000 bekannten Spinnenarten baut Seidennetze unterschiedlicher Form. Der verbreitetste Netztyp ist das Radnetz. Seide ist ein faszinierendes Material, das viele attraktive Eigenschaften vereint. Sie ist – bezogen auf die Dichte – fester als Stahl und zugleich hochelastisch, energieabsorbierend, hypoallergen, biostatisch, biokompatibel und biologisch abbaubar.

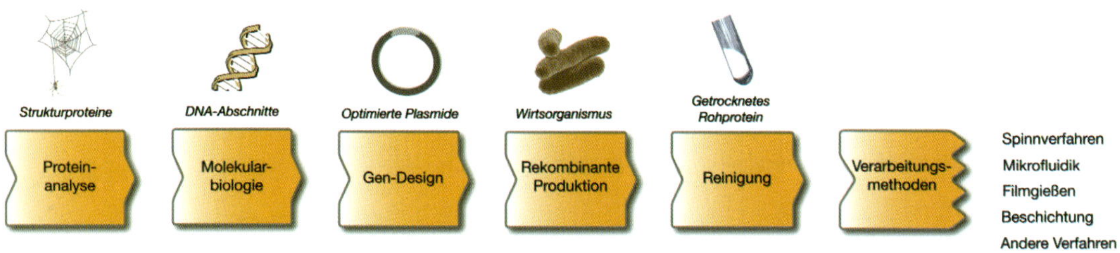

Entwicklungsschema der biomimetischen Spinnenseide: Vom natürlichen Vorbild über das synthetische Gen zum rekombinanten Seidenprotein. Durch unterschiedliche Verarbeitungsmethoden werden verschiedene Materialformen für vielfältige Anwendungen hergestellt.

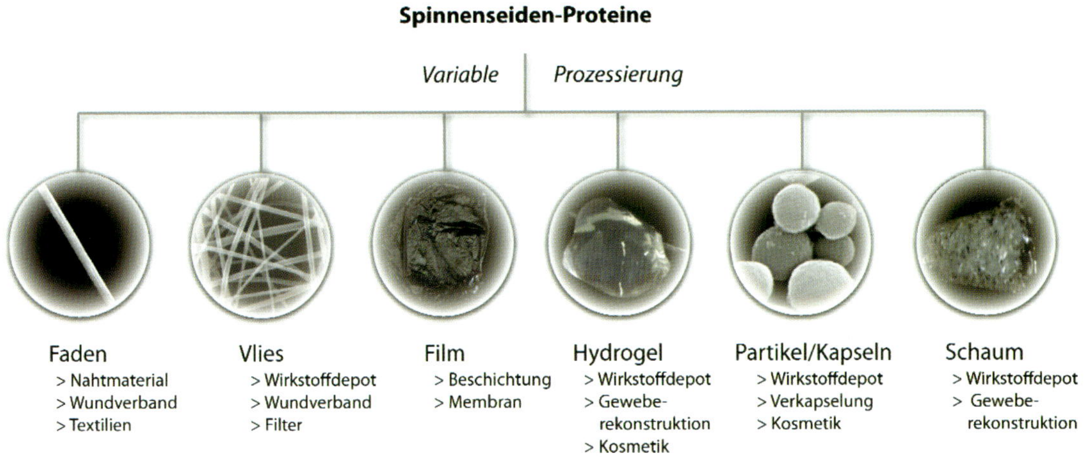

Verschiedene Materialformen der rekombinanten Spinnenseidenproteine und deren Anwendungsfelder

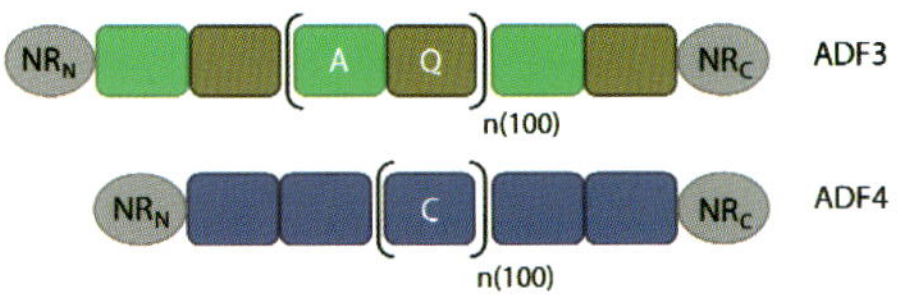

Schematische Darstellung der repetitiven Abschnitte der beiden Seidenprotein-Motive des Abseilfadens der Europäischen Gartenkreuzspinne

Spinnenseide besteht zu 99 % aus Strukturproteinen, den sogenannten Spidroinen, sowie aus Fetten, Zuckern und Ionen. Die Spidroine sind aus repetitiven Modulen kurzer Aminosäure-Sequenzen aufgebaut, deren Zusammensetzung je nach Seidentyp variiert und die unterschiedlichen Eigenschaften bestimmt. Spidroine können eine gelartige und elastische Matrix oder darin eingebettete kristalline und festigende Bereiche bilden.

Durch eine Kombination von Proteinanalytik, Molekularbiologie und Gen-Design gelang es der Arbeitsgruppe von Thomas Scheibel an der Universität Bayreuth, den molekularen Aufbau zweier Seidenmotive der Europäischen Gartenkreuzspinne zu entschlüsseln und dann entsprechende Proteine mit Hilfe von Bakterien biotechnologisch herzustellen. Aus dem rekombinanten Rohprotein können durch verschiedene Verarbeitungsmethoden neben Fäden auch nicht natürliche Materialformen wie Vliese, Filme, Partikel, Kapseln oder Hydrogele erzeugt werden.

Der vielfältige Einsatz der Biotech-Seide in Kosmetika, in der Medizintechnik als Biomaterial oder in der Membran- und Filtertechnologie wird zusammen mit der ausgegründeten Firma AMSilk GmbH in Martinsried entwickelt. Der Einsatz von rekombinanten Proteinen kann eine nachhaltige Alternative zu erdölbasierten Polymeren sein und im Vergleich dazu den CO_2-Ausstoß reduzieren.

VON STABHEUSCHRECKEN, SCHABEN UND SPINNEN – SECHS- UND ACHTBEINIGE ROBOTER

Prof. Dr. Josef Schmitz & Dr. Axel Schneider | Universität Bielefeld

Klettern, Gehen und Laufen sind seit Jahrmillionen die natürlichen terrestrischen Fortbewegungsarten. Im Gegensatz zu radgetriebenem Fahren, sind Tiere nicht auf spezielle Rollbahnen (Straßen oder Schienen) angewiesen, sondern können auf ihren Beinen auch im unwegsamsten Gelände noch sicher und schnell ihren Weg finden.

Warum sehen selbst im Vergleich zu Insekten und Spinnentieren die Bewegungen von technischen Laufmaschinen oft noch plump und unbeholfen aus? Wie kann man das fehlertolerante Verhalten solcher biologischer Fortbewegungssysteme auf technische Systeme übertragen? Diesen Geheimnissen der Natur auf die Spur zu kommen, ist das Ziel von Biologen, Ingenieuren und Informatikern. Erstere untersuchen mit verhaltensphysiologischen und neurobiologischen Methoden das Laufsystem der Tiere. Eine wichtige Erkenntnis dieser Forschungen ist, dass Steuerungsprogramme in natürlichen Systemen häufig dezentral organisiert sind. Die Bewegungen der einzelnen Beingelenke werden nicht von einer zentralen Steuereinheit erzeugt, sondern von vielen kleineren, miteinander vernetzten Nervenknoten. Die aktive Anpassung dieses verteilten Steuerungssystems während der Fortbewegung durch eine komplexe Umgebung erfolgt durch sensorisch veränderte, situationsabhängige Kopplungen der einzelnen Nervenknoten. Diese Strategie unterscheidet sich fundamental von einer solchen, die für alle möglichen Situationen jeweils ein eigenes Steuerprogramm bereithält. Jedes Bein und sogar jedes Gelenk kann sich unabhängig vom anderen bewegen. Besonders augenfällig wird dies bei der Erzeugung der verschiedenen Gangarten. So besitzt beispielsweise die Stabheuschrecke eine besonders stabile Kopplung ihrer Beine für schnelles Laufen. Dabei

⟸ LAURON, eine in Zusammenarbeit mit Biologen entwickelte Laufmaschine zum Test der Koordination der Beine nach Art der Stabheuschrecke

Neben Schaben ist die Indische Stabheuschrecke (Carausius morosus) eines der wichtigsten Modellsysteme bei der Untersuchung biologischer Laufsysteme.

sind die sechs Beine so koordiniert, dass die Fußpunkte von drei Beinen immer ein Dreieck bilden (Tripod). Innerhalb dieses Tripods aus jeweils zwei Beinen auf der einen und einem Bein auf der anderen Körperseite liegt der Körperschwerpunkt. Mit diesen 3 Beinen wird der Körper nach vorn in Laufrichtung bewegt. Die anderen 3 Beine schwingen während dieser Zeit nach vorn, um wiederum einen stabilen Tripod für den nächsten Schritt zu bilden. Damit diese Koordination funktioniert, kommunizieren die lokalen Steuereinheiten untereinander und koordinieren sich dabei mit Hilfe einfacher, lokal wirkender Regeln. Muss das Tier langsamer laufen, oder erfordert die Umgebung eine andere Koordination, so ist dies durch eine sensorisch vermittelte Gewichtungsänderung der Koordinationsregeln möglich. Somit erfolgt die Umstellung der tripoden Gangart, bei der immer mindestens 3 Beine Bodenkontakt haben, zu Gangarten, bei denen immer mindestens 4 oder gar 5 Beine gleichzeitig Halt bieten, automatisch.

Naturwissenschaftliche Forschung erfordert die Ableitung eines formalen Modells, welches die Befunde einzelner Versuchsergebnisse erklärt. Zur Prüfung der Tragfähigkeit solcher Modelle werden beispielsweise Computersimulationen eingesetzt. Im Falle des oben beschriebenen Modells zur Laufsteuerung erarbeiten Biologen und Informatiker gemeinsam Laufsimulationen im Rechner. Computersimulationen haben jedoch den Nachteil, dass sie die Laufumgebung und das Laufsystem nicht vollständig – also nur vereinfacht – abbilden können. Eine bessere Methode ist die Realisierung in Hardware, d.h. als Laufroboter, so dass eine physikalisch vollständige Interaktion mit der Umwelt möglich wird.

Im Laufe der letzten Jahre wurden daher technische Laufmaschinen entwickelt, mit deren Hilfe es möglich war, biologische Hypothesen zu testen. Dabei hat sich herausgestellt, dass eine „Biologisierung“ des Kontrollansatzes allein nicht ausreichend ist. In Tieren hat sich im Laufe der Evolution die Bewegungssteuerung zusammen mit dem Bewegungsapparat entwickelt. Für neue Generationen von technischen Laufmaschinen bedeutet dies, dass sowohl Skelett als auch Antriebseinheiten und Sinnesorgane nah am biologischen Vorbild auszurichten sind. Der Körper wird vorzugsweise in extremer Leichtbauweise ausgeführt und mit einer reichhaltigen Sensorik ausgestattet. Die Antriebseinheiten werden mit muskelähnlichen Elastizitäten versehen. Mit einer solchen Auslegung technischer Laufsysteme lassen sich neben den Tests von Hypothesen auch die geschmeidigen Bewegungen von Tieren für technische Anwendungen nutzbar machen.

Frühe Prototypen solcher bioinspirierten Laufroboter sind im Labor für biologische Kybernetik der Universität Bielefeld in Zusammenarbeit mit Mechatronikern entstanden. Die Laufmaschine MAX der Technischen Universität München war weltweit der erste Laufroboter mit dem gezeigt wurde, dass der Beinkoordinationsmechanismus nach dem dezentralen Vorbild der Stabheuschrecke stabile und robuste Gangarten produzieren kann. Weitere Laufmaschinen, die dem biologischen Vorbild folgten, waren unter anderem LAURON (Forschungszentrum Informatik FZI Karlsruhe) und TARRY (Universität Duisburg/Universität Bielefeld). TARRY verfügte bereits über elastische Beingelenke, die es erlaubten, ein weiteres biologisches Konzept, nämlich die lokale positive Geschwindigkeitsrückkopplung, in einer Laufmaschine umzusetzen. Die neueste Bielefelder Entwicklung, die Laufmaschine HECTOR, verfügt über einen bioinspirierten, sensorisierten Leichtbaukörper, hochintegrierte, elastische Gelenkantriebe, sowie eine innovative, neuronale Bewegungssteuerung, die zukünftig um kognitive Fähigkeiten erweitert werden kann.

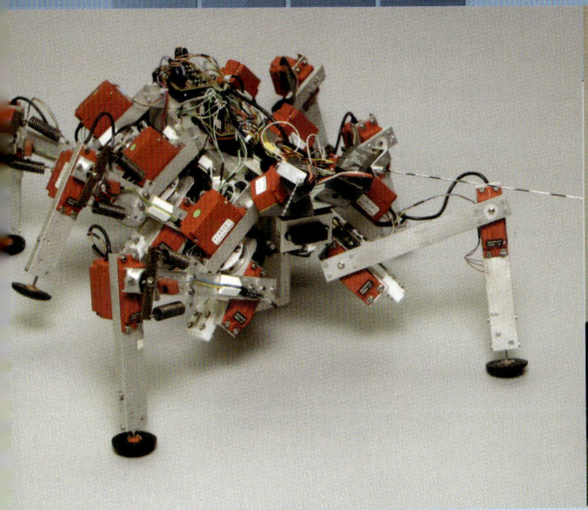

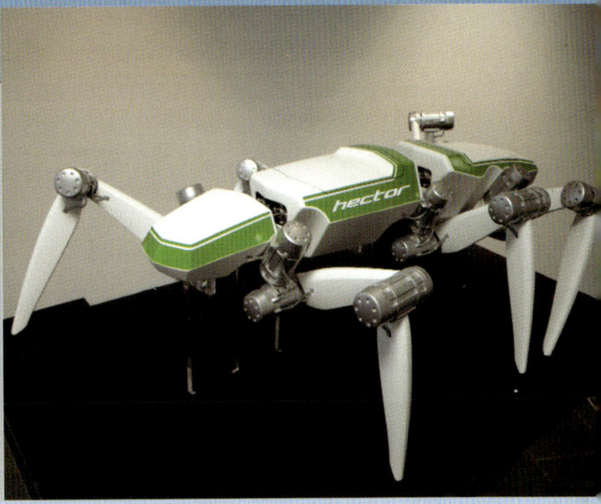

Der Körper von TARRY ist nach der Geometrie der Stabheuschrecke skaliert und besitzt neben einer Vielzahl von Sensoren auch elastische Antriebe.

HECTOR vereint viele bioinspirierte Körpermerkmale von Insekten. Seine Laufsteuerung basiert auf neuronalen Netzen und erlaubt zukünftige, kognitive Erweiterungen.

Die Übertragung biologischer Prinzipien auf technische Anwendungen führt so zu neuen Lösungen, die konventionell entwickelten überlegen sind. Intelligente Laufroboter nach Insekten- oder Spinnenart können sich besser an unwegsames Terrain anpassen, können selbstständig Entscheidungen treffen und sind überall dort einsetzbar, wo es für Menschen nicht zugänglich ist oder zu gefährlich wäre.

Der Kronenraum eines asiatischen Tieflandregenwaldes, einer der artenreichsten Lebensräume der Welt

NATURWISSENSCHAFTLICHE SAMMLUNGEN – ORTE DER BIODIVERSITÄT

Die Wissenschaft kennt heute ca. 1,7 Mio Arten von Lebewesen, das heißt sie sind wissenschaftlich beschrieben und haben einen Namen. Davon stellen die wirbellosen Tiere ca. 1,3 Mio. Arten, Pflanzen ca. 350.000 Arten, Wirbeltiere ca. 62.000 Arten, Pilze und Flechten ca. 50.000 Arten. Den größten Teil der Biodiversität repräsentieren Mikroorganismen, deren Zahl jedoch kaum abgeschätzt werden kann.

In Deutschland gibt es über 90 Botanische Gärten und rund 850 Zoos und Tierparks. In Botanischen Gärten werden ca. 20 % der bekannten Pflanzenarten kultiviert, der Anteil der in Zoos gehaltenen Tierarten an der Gesamtzahl ist deutlich geringer, aber fast alle Arten sind in Naturwissenschaftlichen Museen vorhanden, wenn auch nicht immer öffentlich zugänglich. Alle Sammlungen widmen sich zunehmend der Umwelterziehung, der Allgemeinbildung, dem Natur- und Artenschutz sowie der Erholung.

Neben einer großen Artenzahl, die unterschiedliche Lebensräume (z.B. Tropen, Gebirge) und systematische Gruppen (z.B. Vögel, Orchideen) repräsentieren oder spezielle Themen beleuchten (z.B. Heilpflanzen, Tiefseearten), beherbergen viele Institutionen Spezialsammlungen, die eng mit Forschungsprojekten verknüpft und teilweise einzigartig sind.

Naturwissenschaftliche Sammlungen bewahren einen erheblichen Teil der globalen Biodiversität und machen auch Arten aus entlegenen Gebieten einem breiten Publikum zugänglich. Besonders unter dem Aspekt des zunehmenden Verlustes globaler Artenvielfalt werden Sammlungen

Blick in einen Teil der Zoologischen Sammlung der Universität Freiburg

Ausstellungsexemplare der Käfersammlung der Zoologischen Sammlung der Universität Freiburg

in Zukunft zunehmend an Bedeutung gewinnen. In den letzten Jahren haben sich auch im Bereich moderner Forschungsrichtungen – wie der Bionik – Botanische Gärten, Zoos und Museen vielfach als Orte innovativer Forschung bewährt. Mit ihrer Artenvielfalt liefern sie den Wissenschaftlern vielfältige Ideen für erfolgreiche innovative Entwicklungen. Leider sind Botanische Gärten, Museen und Zoos in Zeiten ökonomischer Zwänge zunehmend selber im Bestand bedroht, mit unschätzbaren Folgen für Forschung, Lehre und Allgemeinbildung.

Karte der Verteilung der globalen Biodiversität kombiniert mit der Verteilung der Botanischen Gärten der Welt. Auffallend ist die große Dichte an Gärten in Europa.

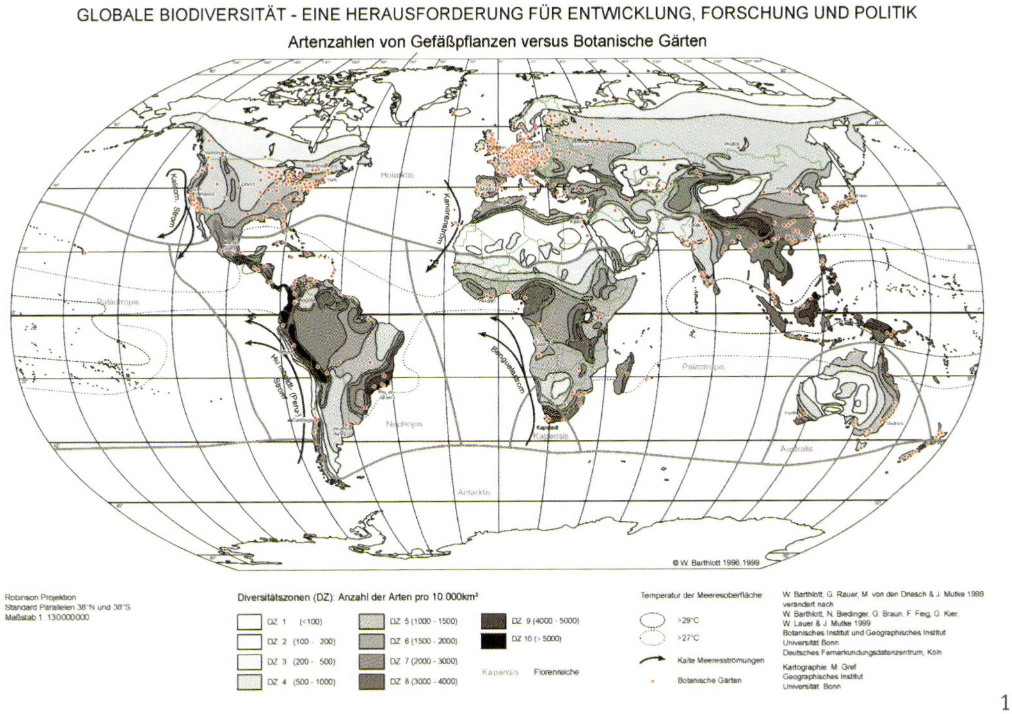

Der Botanische Garten Bonn, eine ehemalige kurfürstliche Gartenanlage. Er beherbergt annähernd 10.000 Pflanzenarten.

Botanischer Garten Dresden. Die denkmalgeschützte Sammlung historischer sächsischer Kameliensorten im Landschloss Zuschendorf.

NATURWISSENSCHAFTLICHE SAMMLUNGEN – SCHATZTRUHEN FÜR DIE BiONiK

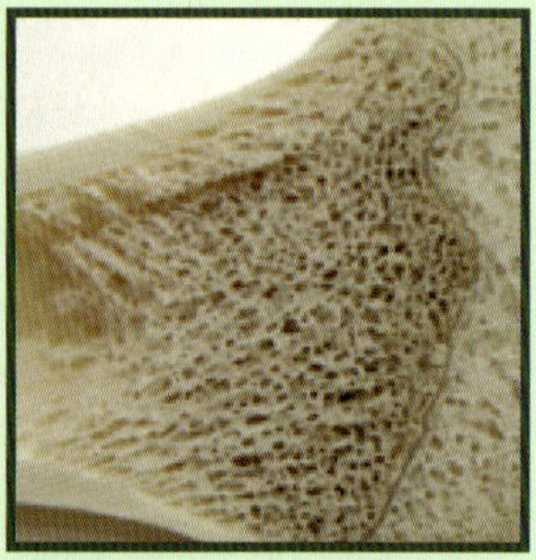

Knochenbälkchen im Oberschenkelknochen eines Lamms aus der Sammlung des Botanischen Gartens der Universität Freiburg – Inspiration für technischen Leichtbau nach der SKO-Methode (Soft Kill Option)

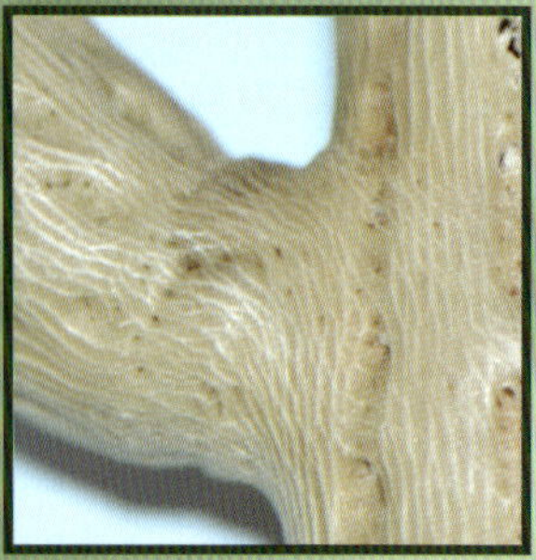

Freipräparierter Leitgewebezylinder eines Säulenkaktus – Inspiration für bionische Verbundmaterialien

Naturwissenschaftliche Sammlungen blicken auf eine jahrhundertealte Tradition zurück. Der Mensch hat seit frühester Zeit z.B. Pflanzen gesammelt und dann angepflanzt. Sei es zur Ernährung, als Medikament oder zur Herstellung von Gebrauchsgegenständen. Mit der Zeit entstanden daraus beispielsweise klösterliche Kräutergärten, später die um exotische Pflanzen bereicherten, zunehmend auch repräsentativen Zwecken des Adels und des Bürgertums dienenden Gärten, und letztendlich die Vielzahl heutiger Botanischer Gärten.

Naturwissenschaftliche Museen sind wohl auf ähnliche Weise entstanden. Dem Herstellen einfacher Werkzeuge, sowie von Kult- und Kunstgegenständen aus Steinen und Knochen folgte das zunehmend gezielte Sammeln zur Befriedigung der menschlichen Neugier, um zu verstehen „was die Welt im Innersten zusammenhält". Als Naturalien- oder Kuriositätenkabinette lange Zeit dem Repräsentationsbedürfnis dienend, emanzipierten sie sich zunehmend zu Forschungseinrichtungen. Hier werden Verwandtschaftsbeziehungen, Stammesgeschichte oder Ökologie, mit dem gesamten Spektrum moderner Methoden untersucht. Außerdem stellen die Museen wichtige Orte der Aus- und Weiterbildung dar.

Schmetterlinge aus den Senckenberg Naturhistorischen Sammlungen Dresden. Gerade die Vielfalt der Insekten kann eine bedeutende Inspirationsquelle für die Bionik sein.

Die Vielfalt der Sammlungsobjekte, die praktisch die gesamte belebte und unbelebte Natur umfasst, bietet gewaltige Chancen für die Bionik-Forschung und knüpft an die ursprüngliche Funktion von Sammlungen an: die Nutzung natürlicher Ressourcen. Das weite Spektrum von Adaptionen an verschiedene Umweltbedingungen, unterschiedlicher Konstruktionsprinzipien und Materialkombinationen der belebten Natur stellt ein immenses, erst ansatzweise genutztes Potenzial für bionische Innovationen in der Technik dar.

Reparatur eines durchbrochenen Festigungszylinders bei Aristolochia macrophylla. Vorbild für selbstreparierende bionische Membranen.

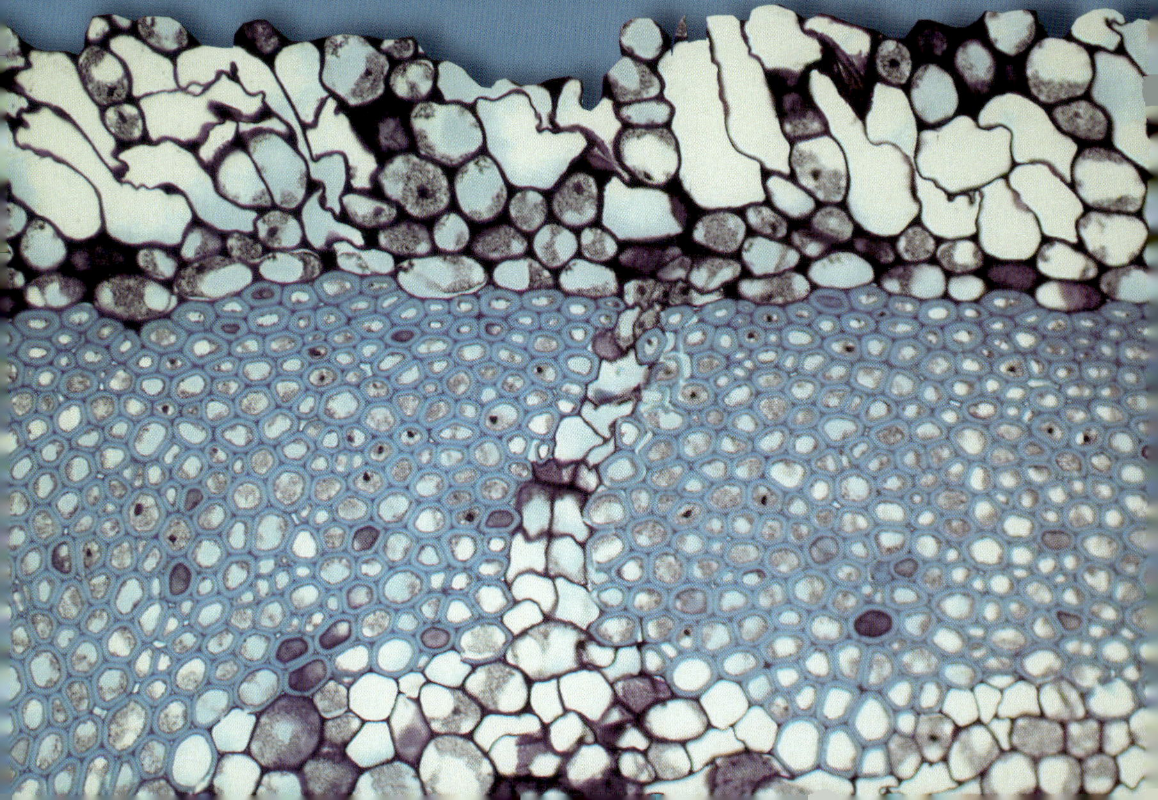

BiONiK IN BOTANISCHEN GÄRTEN – EIN BILDUNGSANGEBOT VON 8 BIS 80

Seit der Gründung der ersten Botanischen Gärten Mitte des 16. Jahrhunderts sind sie unverzichtbare Einrichtungen für Forschung und Lehre. Dabei haben sich im Verlauf der Jahrhunderte die Struktur Botanischer Gärten und die Ausrichtung ihrer Forschung mehrfach geändert. Auch im 21. Jahrhundert haben Botanische Gärten ihre Bedeutung für Forschung aber auch für Wissensvermittlung in hochaktuellen Themenfeldern wie der Biodiversitätsforschung sowie des Natur- und Artenschutzes nicht verloren. In den letzten Jahren haben sich Botanische Gärten auch im Bereich der Bionik als Orte innovativer Forschung und des lebenslangen Lernens vielfach bewährt.

Exkursion zur Bionik

Bionikführung im Gewächshaus

Versuche zum Lotus-Effect®

Herstellung selbstreinigender Oberflächen

Selbstreinigungseffekt auf Lotusblättern

Naturwissenschaften und Technik prägen heute die Welt in der wir leben. Deshalb sind naturwissenschaftlich-technisches Denken und Arbeiten ein integraler Bestandteil unseres Alltags. Hier bietet die Bionik als interdisziplinäre Wissenschaftsdisziplin zwischen Biologie und Technik einen völlig neuen Zugang zur Technik, da die biologischen Vorbilder im Botanischen Garten betrachtet werden können.

Einige Botanische Gärten bieten bereits mit großem Erfolg Bildungsangebote zur Bionik an, die von den Besuchern sehr gerne angenommen werden. Dazu gehören Vorträge, Gartenführungen mit einfachen Demonstrationsversuchen und Lehrpfade zum Thema Bionik.

Nachwuchswissenschaftler bei der Erkundung einer Trittpflanzengesellschaft im Botanischen Garten der Universität Freiburg

Nachhaltige Entwicklung berücksichtigt die Interessen nachfolgender Generationen.

BiONiK – VORBILD FÜR NACHHALTIGE TECHNIKENTWICKLUNG?

Der Begriff der „Nachhaltigkeit“ ist gegenwärtig in aller Munde. An diesem Thema entzündeten sich sowohl wissenschaftliche als auch viele gesellschaftliche Diskussionen. Nachhaltigkeit bedeutet, dass auch künftige Generationen dieselben Chancen auf ein erfülltes Leben haben wie wir heute. Dabei müssen die Chancen für alle Menschen auf der Erde fair verteilt werden. Nicht zuletzt aus diesem Grund wurde im Jahr 1992 auf dem so genannten Erdgipfel von Rio de Janeiro „Nachhaltige Entwicklung“ zum Leitbild der internationalen Umwelt- und Entwicklungspolitik erhoben. Besonders interessant ist es, nachhaltige Entwicklungen in Verbindung mit der Bionik, d.h. dem „Lernen vom Vorbild der Natur für die Technik“ zu diskutieren.

Nachhaltiges Denken und Handeln bedeutet stets zu berücksichtigen, welche Folgen sich für die Zukunft ergeben.

Bionische Lösungen gelten als evolutionär erprobt, ökologisch eingepasst und risikoarm. Gerade wegen des Ideenflusses aus der Natur wird bionischen Produkten und Technologien ein großes Potential zugeschrie-

Das bionische Versprechen: Das Produkt ist bionisch und leistet relevante Beiträge zur Nachhaltigkeit.

ben, zu einer nachhaltigeren Technikgestaltung beizutragen. Dabei handelt es sich allerdings zunächst nur um ein „Bionisches Versprechen". Ob eine bionische Lösung auch tatsächlich dieses Versprechen einlöst, kann nur durch Einzelfallprüfungen geklärt werden.

Verbesserungen bionischer Produkte gegenüber bestehenden Lösungen müssen messbar sein. Erstens muss das Produkt nachweislich bionisch sein, das heißt, über einen Ideenfluss von der Biologie in die Technik verfügen. In einem zweiten Schritt erfolgt die Bewertung des Nachhaltigkeitspotentials. Das Drei-Säulen-Modell der nachhaltigen Entwicklung verbindet wirtschaftlichen Erfolg mit sozialer Gerechtigkeit und dem Schutz der Umwelt. Dabei ist entscheidend wichtig, dass die Ziele aller drei Säulen gleichzeitig und gleichberechtigt umgesetzt werden.

Drei-Säulen-Modell der nachhaltigen Entwicklung

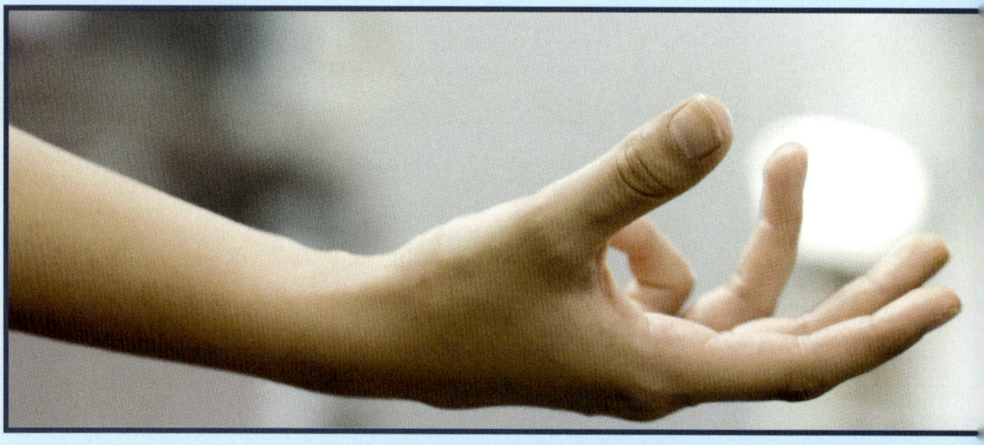

ANHANG

LITERATURVERZEICHNIS

Zitat (S. 3)

Leonardo da Vinci, Quaderni di anatomia I-VI (Royal Library Windsor, RL19115r)

Klein, S. (2009): Da Vincis Vermächtnis oder Wie Leonardo die Welt neu erfand. – Fischer Taschenbuch Verlag, Frankfurt, S. 137.

Faksimile-Ausgabe: Kenneth Keele und Carlo Pedretti (Hrsg.)(1978): Atlas der anatomischen Studien Leonardos in der Sammlung ihrer Majestät Königin Elisabeth II. in Windsor Castle. – Prisma Verlag Gütersloh.

Geschichte der Bionik (S. 10-11)

Lilienthal, O. (1889): Der Vogelflug als Grundlage der Fliegekunst. – 2. Aufl. 1910, R. Oldenbourg Verlag, München.

Speck O., Harder D., Mattheck C., Kappel R., Tesari, I. & Speck, T. (2006): Von Pflanzen lernen für die Technik: Einfache Experimente zur Bionik und Biomechanik in Botanischen Gärten. – Der Palmengarten, 70/2, 91 - 100.

Speck, O. & Speck, T. (2009): Pflanzen als Ideengeber: Biomimetische Materialien und Technologien. – In: Bionik – Vorbild Natur in Leben und Technik, 34 - 41. Buchreihe Spektrum, Wissen Media Verlag (Bertelsmann), Gütersloh.

Leonardo da Vinci (S. 12-13)

Klein, S. (2009): Da Vincis Vermächtnis oder Wie Leonardo die Welt neu erfand. – Fischer Taschenbuch Verlag, Frankfurt.

Schneider, M. (Hrsg.)(2000): Leonardo da Vinci, Der Vögel Flug – Sul volo degli uccelli. – Schirmer/Mosel.

Teilbereiche der Bionik (S. 14-15)

Speck, T. & Erb, R. (2010): Prozessketten in Natur und Wirtschaft: Bionik eine auf verschiedenen Ebenen vernetzte Wissenschaftsdisziplin als Grundlage für innovative bioinspirierte Materialien und Technologien. – In: Otto, S. & Speck, T. (eds.) Darwin meets business, Gabler-Verlag, Wiesbaden. 95 - 112.

Speck, T. & Speck, O. (2008): Bionik – Innovative Wege zu neuen Materialien und Technologien. – MB-Revue-Maschinenbau: Das Schweizer Industriemagazin Jahreshauptausgabe 2008: 104 - 108.

Methoden der Bionik (S. 16-17)

Speck, T. & Speck, O. (2010): Der Zukunft zugewandt: Forschen und Entwickeln im Spannungsfeld zwischen Biologie und Technik: Neue Forschungsschwerpunkte in der Bionik. – In: 20 Jahre FMF (Freiburger Materialforschungszentrum) Festschrift 2010, 41 - 47. FMF, Freiburg.

Speck, T. & Speck, O. (2009): Bionische Innovationen. – TEC 21, 37/38: 18-21.

Sammlungen als Ausgangspunkte (S. 18-21)

Barthlott, W. & Neinhuis, C. (1997): Purity of the sacred lotus, or escape from contamination in biological surfaces. – Planta 202: 1-8.

Bechert, D.W. (1993): Verminderung des Strömungwiderstands durch bionische Oberflächen. – In: D. Neuman (Hrsg.): Bionik Technologieanalyse: 76-79. VDI Technologiezentrum Physikalische Technologien, Düsseldorf.

Favret, E.A. & Fuentes, N.O. (eds.) (2009): Functional properties of bio-inspired surfaces. – World Scientific Publishing, Singapore, New Jersey.

Reif, W.E. & Dinkelacker, A. (1982): Hydrodynamics of the squamation in fast swimming sharks. Neues Jahrbuch für Geologie und Palaeontologie, Abh. 164: 184 -187.

Textblock-Zitat: „Das Volumen des Festkörpers wurde von Gott geschaffen, seine Oberfläche aber wurde vom Teufel gemacht“ (Wolfgang Pauli, Physiker und Nobelpreisträger, 1900-1958).

Flugsamen und Gleitflieger (S. 22-23)

Nachtigall, W. (2002): Bionik. Grundlagen und Beispiele fur Ingenieure und Naturwissenschaftler. 2. Aufl. – Springer, Berlin.

Speck, O., Harder, D.. Mattheck, C., Kappel, R., Tesari, I. & Speck, T. (2006): Von Pflanzen lernen für die Technik: Einfache Experimente zur Bionik und Biomechanik in Botanischen Gärten. – Der Palmengarten, 70/2, 91 - 100.

Winglets (S. 24-25)

Ishimitsu, K.K., VanDevender, N. Dodson, R.O., Brault, P. C., Byers, B. A., Johnson, R. P., Syring, R. P., Schaefer, M. P., Endorf, D. R., McGinnis, C., Conley, N.E. & Grant, M. (1976): Design and analysis of winglets for military aircraft. – Air Force Flight Dynamics Laboratory-Technical Report 76-6: 1-191.

Flechner, S.G. & Jacobs, P.F. (1978): Experimental results of winglets on first, second, and third generation jet transports. – NASA Technical Memorandum 72674: 1-17.

Nachtigall, W. (2002): Bionik. Grundlagen und Beispiele fur Ingenieure und Naturwissenschaftler. 2. Aufl. – Springer, Berlin.

Smith, M.J., Komerath, N., Ames, R., Wong, O. & Pearson, J. (2001): Performance analysis of a wing with multiple winglets. – American Institute of Aeronautics and Astronautics, 2001-2407: 1-10.

Whitcomb, R.T. (1976): A design approach and selected wind tunnel results at high subsonic mounted speeds for winglets wing-tip. – NASA

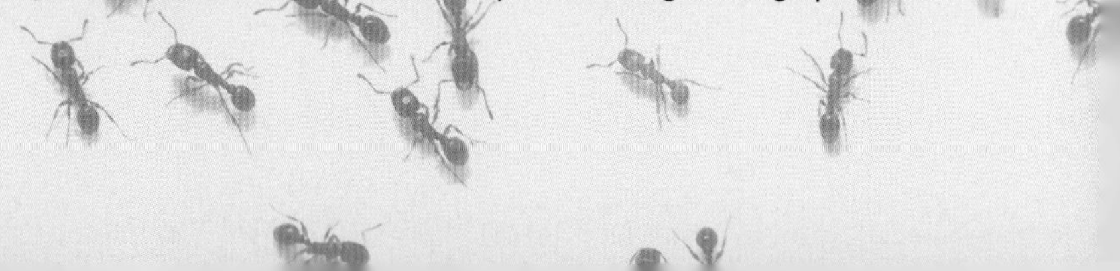

Technical note D-8260: 1-30.
www.boeing.com/global/german/archiv2000/februar20-00.html (16.10.2012)

Der Pinguin (S. 26-27)
Culik, B.M., Wilson, R.P. & Bannasch, R. (1994): Underwater swimming at low energetic costs by pygoscelid penguins. – Journal of Experimental Biology, 197: 65-78.
Hertel, H. (1963): Struktur - Form - Bewegung. – Krausskopf, Mainz.
Nachtigall, W. (2002): Bionik – Grundlagen und Beispiele für Ingenieure und Naturwissenschaftler. – Springer, Berlin.

Zusammen Neues schaffen (S. 28-31)
Bionics Symposium – Living Prototypes – the key to new technology, 13.-15. September 1960, Wadd Technical Report 60-600.
Cooper, R.G. (2002): Top oder Flop in der Produktentwicklung. Erfolgsstrategien: von der Idee zum Launch. – Wiley-VCH, Weinheim.
Speck, T. & Speck, O. (2008): Bionik – Innovative Wege zu neuen Materialien und Technologien, 2008. – MB-Revue-Maschinenbau: Das Schweizer Industriemagazin, Jahreshauptausgabe 2008: 104-108.
Speck, T. & Speck, O. (2008): Process sequences in biomimetic research. – In: Design and Nature IV (ed. Brebbia, C.A.), 3-11. WIT Press, Southampton.
Hippel, E.v. (1986): Lead Users. A Source of novel product concepts. – Management Science, 32: 791-805.
Toffler, A. (1980): The Third Wave. – A Bantam Book, published in association with William Morrow & Co. Inc., New York.
http://www.tu-ilmenau.de/biomechatronik/ (14.10.2012)

Flossen funktionieren anders (S. 32-33)
Bannasch, R. (2005): Weniger ist mehr. Der Fin Ray Effect – eine verblüffende Lösung aus der Bionik. – VDI im Dialog, 2/05: 8-9.
Stephan, M. (2009): Biegen, statt weichen – Das mechanische Verhalten von Fischflossen. – In: Bionik – Lernen von der Natur, 254 - 257. Buchreihe Spektrum. Wissen Media Verlag (Bertelsmann), Gütersloh.

Heben mit Luft (S. 34-35)
Stefan Hesse (2003): Der Fluidic Muscle in der Anwendung – 150 Praxisbeispiele mit dem Pneumatischen Muskel. – Blue Digest on Automation 54179.

Humanoide Roboter (S. 36-37)
Boblan, I., Bannasch, R., Maschuw, J., Schulz, A. and Schwenk, H. (2005): A Human-like Robot Hand and Arm with Fluidic Muscles: Modelling of a Muscle Driven Joint with an Antagonistic Setup. –3rd International Symposium on Adaptive Motion in Animals and Machines, Technische Universität Ilmenau, Germany, 7 S.
Boblan, I., Bannasch, R., Schwenk, H., Miertsch, L., Schulz, A. (2004): A Human like Robot Hand and Arm with Fluidic Muscles: Biologically Inspired Construction and Functionality. – In: Embodied Artificial Intelligence (eds. Iida, F., Pfeifer, R., Steels, L. Kuniyoshi, Y.), Dagstuhl Event 03281, Springer, Heidelberg, 160-179.
VDI-Fachbereich Bionik (2011): Bionik – Bionische Roboter. – Richtlinien-Entwurf, VDI-Gesellschaft Technologies of Life Sciences, de/en, 30 S.

Klettverschluss (S. 38-39)
Viering, K. (2009): Fest verankert im Fell: Dauerbrenner Klettverschluss. – In: Bionik – Vorbild Natur in Leben und Technik, 244 - 249. Buchreihe Spektrum, Wissen Media Verlag (Bertelsmann), Gütersloh.

Der Hai als Vorbild (S. 40-41)
Bechert, D.W., Bruse, M., Hage, W. & Meyer, R. (2000): Fluid mechanics of biological surfaces and their technological application. – Naturwissenschaften, 87: 157-171.
Reif, W.E. & Dinkelacker, A. (1982): Hydrodynamics of the squamation in fast swimming sharks. Neues Jahrbuch für Geologie und Palaeontologie, Abh. 164: 184 -187.
Stenzel, V., Wilke, Y. & Hage, W. (2011): Drag-reducing paints for the reduction of fuel consumption in aviation and shipping. – Progress in Organic Coatings, 70: 224-229.
Scardino, A. J. & de Nys, R. (2010): Mini review: Biomimetic models and bioinspired surfaces for fouling control – Biofouling: The Journal of Bioadhesion and Biofilm Research, 27: 73-86.

Reinlichkeit ist eine Zier (S. 42-43)
Barthlott, W. & Neinhuis, C. (1997): Purity of the sacred lotus, or escape from contamination in biological surfaces. – Planta, 202: 1-8.
Barthlott, W. & Neinhuis, C.(1998): Lotus-Effekt und Autolack: Die Selbstreinigung mikrostrukturierter Oberflächen. – Biologie in unserer Zeit, 28: 314-321.

Immer an der Wand lang (S. 44-45)
Autumn, K., Liang, Y.A., Hsieh, S.T., Zesch, W., Chan, W.P., Kenny, W.T., Fearing, R. & Full, R.J. (2000): Adhesive force of a single gecko foothair. – Nature, 405: 681-685.
Gorb, S.N. (2006): Functional surfaces in biology: mechanisms and applications. – In: Y.

Bar-Cohen (ed.), Biomimetics: Biologically Inspired Technologies, 381-397. CRC Press, Boca Raton.
Gorb, S.N., Sinha, M., Peressadko A., Daltorio, K.A., Quinn, R.D. (2007): Insects did it first: a micropatterned adhesive tape for robotic applications. – Bioinspiration and Biomimetics, 2: 117-125.
Gorb, S.N. (2009): Haare mit unbeschränkter Haftung. – Labor & More, 01/09: 34-39.

„Schau mir in die Augen, Kleines" (S. 46-47)

Nachtigall, W. (2002): Bionik – Grundlagen und Beispiele für Ingenieure und Naturwissenschaftler (2. Aufl.). – Springer-Verlag, Berlin.
Sporn, D., Wittwer, , V., Gombert, A., Glaubitt, W. & Rose, K. (1997): Vom Mottenauge abgeschaut – ultrafeine Strukturen für die Entspiegelung. – Spektrum der Wissenschaft, 8: 20-22.
Miller, F. (2005): Nanoveredelte Oberflächen. – Fraunhofer Magazin, 1. 2005: 8-12.

Von der Naturbeobachtung,... (S. 48-49)

Speck, O. & Speck, T. (2008): Pflanzen als Ideengeber: Biomimetische Materialien und Technologien. – In: Spektrum Bionik – Vorbild Natur in Leben und Technik, 34 - 41. Wissenmedia Verlag (Bertelsmann), Gütersloh.
Speck, T. & Speck, O. (2008): Prozessabläufe in der Bionik: Von der Idee zum Produkt. – In: Spektrum Bionik – Vorbild Natur in Leben und Technik, 434 - 437. Wissenmedia Verlag (Bertelsmann), Gütersloh.

Neue Streuer (S. 50-51)

Francé, R.H. (1920): Die Pflanze als Erfinder. Frank'sche Verlagshandlung, Stuttgart.
Nachtigall, W. (2002): Bionik – Grundlagen und Beispiele für Ingenieure und Naturwissenschaftler (2. Aufl.). Springer, Berlin.
Schmid, A. (2008): Falten und Verpacken in Natur und Technik (unveröffentlichte Staatsexamensarbeit).

Stacheldraht (S. 52-53)

Braun, K. & Erb, R. (2009): Bionik – Zukunftswissenschaft mit Vergangenheit. – In: Bionik – Lernen von der Natur, 12 – 21. Buchreihe Spektrum, Wissen Media Verlag (Bertelsmann), Gütersloh.

Faltstrukturen (S. 54-55)

Schmitt, A., Speck, T. & Speck, O. (2009): Falten in Natur und Technik – Interdisziplinäre Arbeitsweise der Biomechanik und Bionik. – Praxis der Naturwissenschaften – Biologie, 7/58: 34 - 43.
Miura, K. (1985): Method of Packaging and Deployment of Large Membranes in Space. – The Institute of Space and Astronautical Science Report 618: 1 - 9.
Lautenschläger, T., Kresling, B. & Neinhuis, C. (2009): Faltungen in Natur und Technik. – MNU 62/5: 457 - 460.

Venusfliegenfalle (S. 56-57)

Masselter, T., Milwich, M., Monnerat, H., Scharf, U., Hartel, M. & Speck, T. (2008): Bioinspired solutions for technical problems: biomimetic cable entries and schock- absorbing pallets. – In: Brebbia, C.A. (ed.), Design and Nature IV, 51 - 58. WIT Press, Southampton.
Masselter, T., Scharf, U. & Speck, T. (2008): Plants and animals as concept generators for the development of biomimetic cable entry systems. – Journal of Bionic Engineering, 5/02: 167-173.
Masselter, T., Barthlott, W., Bauer, G., Bertling, J., Ditsche-Kuru, P., Gallenmüller, F., Gude, M., Hermann, M., Immink, H., Knippers, J., Lienhard, J., Luchsinger, R., Lunz, K., Mattheck, C., Milwich, M., Mölders, N., Neinhuis, C., Nellesen, A., Rechberger, A., Schleicher, S., Schmitt, C., Schwager, H., Seidel, R., Speck, O., Stegmaier, T., Tesari, I., Thielen, M. & Speck, T. (2011): Biomimetic products. – In: Bar-Cohen, Y. (ed.), Biomimetics: Nature-based Innovation, 377 - 429. CRC Press / Taylor & Francis Group, Boca Raton.

Bionische Optimierungsmethoden (S. 58-59)

Rechenberg, I. (1994): Evolutionsstrategie, 94 – Optimierung technischer Systeme nach Prinzipien der biologischen Evolution. – Frommann-Holzboog, Stuttgart.
Sauer, S., Herdy, M., Speck, T. & Speck, O. (2010): Evolutionsstrategie: Optimieren nach dem Vorbild der Natur – Interdisziplinäre Arbeitsweise der Biomechanik und Bionik. – Praxis der Naturwissenschaften – Biologie, 6/59: 34 - 41.
Schwefel, H.-P (1995): Evolution and Optimum Seeking. – John Wiley & Sons, New York.

Formoptimierte Bauteile (S. 60-61)

Mattheck, C. (1998): Design in nature – learning from trees. – Springer Verlag, Heidelberg.
Mattheck, C. (2007): Verborgene Gestaltgesetze der Natur. – Verlag Forschungszentrum Karlsruhe.
Mattheck, C. (2010): Denkwerkzeuge nach der Natur. – Verlag Karlsruher Institut für Technologie.

In Seilen denken (S. 62-63)

Mattheck, C. (2010): Denkwerkzeuge nach der Natur – Verlag Karlsruher Institut für Technologie.
Mattheck, C., Kappel, R., Tesari, I. & Kraft, O. (2004): In Seilen denken! – Konstruktionspraxis, 9: 26-29.

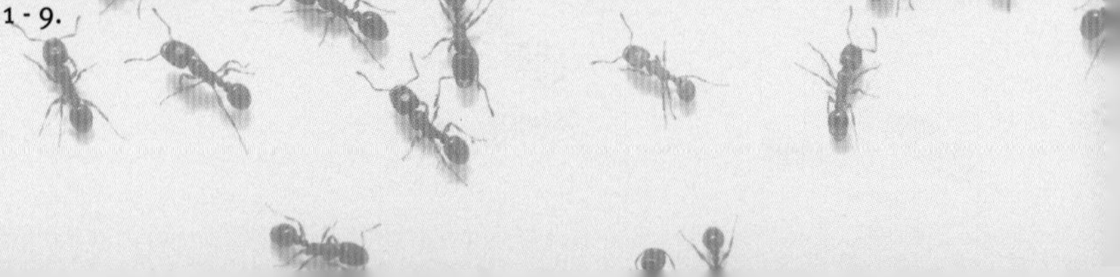

Plankton, Windräder und ... (S. 64-67)

Haeckel, E. (1904): Kunstformen der Natur. – Verlag des Bibliographischen Instituts, Leipzig und Wien, Nachdruck Prestel Verlag

Hamm, C., Merkel, R., Springer, O., Jurkojc, P., Maier, C., Prechtel, K. & Smetacek, V. (2003): Architecture and material properties of diatom shells provide effective mechanical protection. – Nature, 421: 841-843.

Hamm, C. (2005): Kieselalgen als Muster für Technische Konstruktionen. – Biospektrum, 1: 41-43.

Maier, M., Schulz, J. & Thoben, K.-D. (2012): Verfahren zur funktionalen Ähnlichkeitssuche technischer Bauteile in 3D-Datenbanken. – Datenbank-Spektrum, 12: 131-140.

Maier, M. & Hamm, C. (2011): ELiSE 3D – a database-driven engineering and design tool. – Proceedings of the International Conference on Engineering Design, ICED11 15.-18. August 2011, Technical University of Denmark.

http://www.biokon.net/bionik/download/HammChristian_BiokeramischeVerbundwerkstoffe.pdf (14.10.2012).

Was die Bienen schon immer ... (S. 68-69)

Pirk, C., Hepburn, H., Radloff, S. & Tautz, J. (2004): Honeybee combs: construction through a liquid equilibrium process? – Naturwissenschaften, 91: 350-353.

Melcher, J. (2008): Der Trick der Bienen – Piezowaben eine bionisch Innovation in der Adaptronik. – DLR Nachrichten, 119: 36-39.

Tautz, J. (2007): BEEonik – Lernen von den Waben der Honigbiene. – Biologie in unserer Zeit, 6: 342-343.

Tautz, J. & Heilmann, H.R. (2007): Phänomen Honigbiene. – Spektrum Akademischer Verlag/Elsevier GmbH., München.

Das Problem des Handlungsreisenden (S. 70-71)

Hölldobler, B. & Wilson, E.O. (1995): Ameisen: Die Entdeckung einer faszinierenden Welt. – Birkhäuser Verlag, Basel.

Miller, P. (2007): Schwarm-Intelligenz: Weisheit der Winzlinge. – National Geographic Deutschland, Sonderheft "Was wir von Tieren lernen können", 08/2007.

Bonabeau, E., Dorigo, M. & Theraulaz, G. (1999): Swarm Intelligence: From natural to artificial systems. (Santa Fe Institute Studies in the Sciences of Complexity Proceedings). – Oxford University Press, Oxford.

Dorigo, M. & Socha, K. (2006): An introduction to Ant Colony Optimization. – IRIDIA Technical Report, 2006-10: 1-19.

Selbstreparatur – Kein Privileg ... (S. 72-73)

Bauer, G., Nellesen, A. & Speck, T. (2010): Biological latices in fast self-repair mechanisms in plants and the development of bio-inspired self-healing polymers. – In: Brebbia, C.A. (ed.), Design and Nature V, 453 - 460. WIT Press, Southampton.

Bauer, G. & Speck,T. (2012): Restoration of tensile strength in bark samples of Ficus benjamina due to coagulation of latex during fast self-healing of fissures. – Annals of Botany, 109: 807 - 811.

Busch, S., Seidel, R., Speck, O. & Speck, T. (2010): Morphological aspects of self-repair of lesions caused by internal growth stresses in stems of Aristolochia macrophylla and Aristolochia ringens. – Proceedings of the Royal Society London, B, 277: 2113 - 2120.

Rampf, M., Speck, O., Speck, T. & Luchsinger, R. (2011): Self-repairing membranes for inflatable structures inspired by a rapid wound sealing process of climbing plants. – Journal of Bionic Engineering, 8: 242 - 250.

Speck, T., Luchsinger R., Busch, S., Rüggeberg, M. & Speck, O. (2006): Self-healing processes in nature and engineering: self-repairing biomimetic membranes for pneumatic structures. – In: Brebbia, C.A. (ed.), Design and Nature III, 105 - 114. WIT Press, Southampton.

Speck, T., Bauer, G., Flues, F., Oelker, K., Rampf, M., Schüssele, A.C., v. Tapavicza, M., Bertling, J., Luchsinger, R., Nellesen, A., Schmidt, A.M., Mülhaupt, R.,& Speck, O. (2012): Bio-inspired self-healing materials. – In: Fratzl, P., Dunlop, J.W.C. & Weinkamer, R. (eds.), Materials Design Inspired by Nature: Function through Inner Architecture. The Royal Chemical Society London.

Rattenscharfe Messer (S. 74-75)

Meyers, M.A., Lin, A.Y.M., Lin, Y.S., Olevsky, E.A. & Georgalis, S. (2005): The cutting edge: sharp biologial materials. – Journal of Failure Analysis and Prevention, 5: 18-21.

Rechberger, M. & Bertling J. (2005): Bionik und Zerkleinerungstechnik. – Chemie Ingenieur Technik, 77: 1487-1499

Rechberger, M. (2012): Selbstschärfende Schneidwerkzeuge für abrasive Schnittgüter – eine bionische Entwicklung. – In: UMSICHT-Schriftenreihe Band Nr. 68, Verlag Karl Maria Laufen, Oberhausen.

Was man nicht von der Natur ... (S. 76-77)

Speck, O. & Speck, T. (2009): Pflanzen als Ideengeber: Biomimetische Materialien und Technologien. – In: Bionik – Lernen von der Natur, 34 - 41. Buchreihe Spektrum, Wissen Media Verlag (Bertelsmann), Gütersloh.

Speck, T. & Speck, O. (2009): Bionische Innovationen. – TEC 21, 37/38: 18-21.

Speck, T. & Speck, O. (2010): Der Zukunft zugewandt: Forschen und Entwickeln im Spannungsfeld zwischen Biologie und Technik: Neue Forschungsschwerpunkte in der Bionik. – In: 20 Jahre FMF (Freiburger Materialforschungszentrum) Festschrift 2010, 41 - 47. FMF, Freiburg.

Der „Technische Pflanzenhalm" (S. 78-79)

Milwich, M., Planck, H., Speck, T. & Speck, O. (2007): Der technische Pflanzenhalm: ein bionisches Schmaltextil. – Melliand Textilberichte – Band- und Flechtindustrie, 44/2: 34-38.

Milwich, M., Speck, T., Speck, O., Stegmaier, T. & Planck, H. (2006): Biomimetics and technical textiles: solving engineering problems with the help of nature's wisdom. – American Journal of Botany, 93: 1295-1305.

Masselter, T. & Speck, T. (2011): Biomimetic fiber-reinforced compound materials. – In: George, A. (ed.), Advances in Biomimetics, 195 - 210. Intech, Rijeka, Croatia.

Drachenbaum und Säulenkaktus (S. 80-81)

Schwager, H., Haushahn, T., Neinhuis, C., Speck, T. & Masselter, T. (2010) Principles of branching morphology and anatomy in arborescent monocotyledons and columnar cacti as concept generators for branched fibre-reinforced composites – Advanced Engineering Materials / Advanced Biomaterials, 12: B695-B698.

Masselter, T., Eckert, S. & Speck, T. (2011): Functional morphology, biomechanics and biomimetic potential of stem-branch-connections in Dracaena reflexa and Freycinetia insignis. – Beilstein Journal of Nanotechnology, 2: 173 - 185.

Masselter, T., Schwager, H., Milwich, M., Gude, M. & Speck, T. (2010): Verzweigte bio-inspirierte technische Faserverbundstrukturen. – KEM, Sonderheft Energie S1: 60-61.

Bionische Schockpalette (S. 82-83)

Masselter, T., Milwich, M., Monnerat, H., Scharf, U., Hartel, M. & Speck, T. (2008): Bio-inspired solutions for technical problems: biomimetic cable entries and schock-absorbing pallets. – In: Brebbia, C.A. (ed.), Design and Nature IV, 51 - 58. WIT Press, Southampton.

Masselter, T., Barthlott, W., Bauer, G., Bertling, J., Ditsche-Kuru, P., Gallenmüller, F., Gude, M., Hermann, M., Immink, H., Knippers, J., Lienhard, J., Luchsinger, R.H., Lunz, K., Mattheck, C., Milwich, M., Mölders, N., Neinhuis, C., Nellesen, A., Rechberger, M., Schleicher, S., Schmitt, C., Schwager, H., Seidel, R., Speck, O., Stegmaier, T., Tesari, I., Thielen, M. & Speck, T. (2011): Biomimetic products. – In Bar-Cohen, V. (ed), Biomimetics: Nature-based Innovation, 377-429. CRC Press / Taylor & Francis Group, Boca Raton.

Pomelo und Kokosnuss (S. 84-85)

Fischer, S.F., Thielen, M., Loprang, R.R., Seidel, R., Fleck, C., Speck, T. & Bührig-Polaczek, A. (2010): Pummelos as concept generators for biomimetically-inspired low weight structures with excellent damping properties. – Advanced Engineering Materials / Advanced Biomaterials, 12: B658 - B663.

Seidel, R., Thielen, M., Schmitt, C., Bühring-Polaczek, A., Fleck, C. & Speck, T. (2010): Fruit walls and nut shells as an inspiration for the design of bio-inspired impact resistant hierarchically structured materials. – In: Brebbia, C.A. (ed.), Design and Nature V, 421 - 430. WIT Press, Southampton.

Speck, T., Speck, O., Masselter, T. & Seidel, R. (2011): Verpacken, Auspacken und Schützen nach dem Vorbild der Natur: Was man von der Biologie für technisches Verpacken lernen kann. – In: Spritzgießen 2011: 25 - 48. VDI-Gesellschaft Kunststofftechnik, VDI Verlag GmbH, Düsseldorf.

Warum gibt es nicht mehr ... (S. 86-87)

Speck, T., Speck, O., Neinhuis, C. & Bargel, H. (eds.) (2011): Was die Technik von Pflanzen lernen kann – Bionik in Botanischen Gärten. – Verband Botanischer Gärten e.V., Marburg.

Otto, S. & Speck, T. (eds.) (2010): Darwin meets business: Evolutionäre und bionische Lösungen für die Wirtschaft. – Gabler-Verlag, Wiesbaden.

Brickwedde, F., Erb, R., Lefèvre, J. & Schwake, M.(eds.) (2007): Bionik und Nachhaltigkeit – Lernen von der Natur (Initiativen zum Umweltschutz 68, DBU). – Erich Schmidt Verlag, Berlin.

Vom Wasser auf die Straße (S. 88-89)

www.daimler.com

Sicher durch enge Kurven (S. 90-91)

Akgül, G., Mundl, R. & Kanne, U. (2002): Bionik – Trends in Industrie und Gesellschaft und Anwendungen bei der Continental AG. – Continental AG, Hannover.

Manche mögen's heiß (S. 92-93)

Schmitz, A., Sehrbrock, A. & Schmitz, H. (2007): The analysis of the mechanosensory origin of the infrared sensilla in Melanophila acuminata (Coleoptera; Buprestidae) adduces new insight into the transduction mechanism. – Anthropod Structure & Development, 36: 291-303.

Klocke, D. & Schmitz, H. (2012): Material properties of photomechanic infrared receptors in

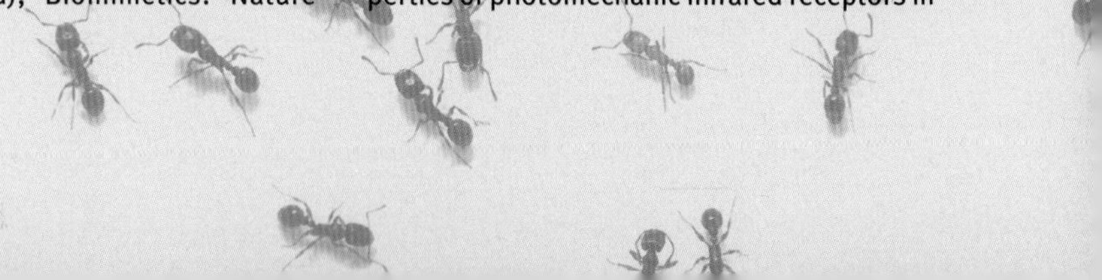

pyrophilous Melanophila beetles and Aradus bugs. – Acta Biomaterialia, 8: 3392-3399.
Schmitz, H. & Bousack, H. (2012): Modelling a Historic Oil-Tank Fire Allows an Estimation of the Sensitivity of the Infrared Receptors in Pyrophilous Melanophila Beetles. – PLoS ONE 7(5): e37627

Neurobionik (S. 94-97)
Newman, E.A. & Hartline, P.H. (1982): Infrarotsehen bei Schlangen. – Spektrum der Wissenschaft / Mai: 106-115.
Reichardt, W. (1961): Autocorrelation, a principle for the evaluation of sensory information by the central nervous system. – In: Sensory Communication (ed. Rosenblith W.A.), 303-317. Wiley, New York.
Stein, B.E. (2012): The new handbook of multisensory processing. – MIT Press, Cambridge, MA.

Weg au sder Stille (S. 98-99)
Antony, F., Mai, F., Speck, T. & Speck, O. (2012): Bionik – Vorbild Natur als Versprechen für nachhaltige Technikentwicklung? – Naturwissenschaftliche Rundschau 65(4): 175 - 182.

Bionik in Architektur... (S. 100-103)
Knippers, J. & Speck, T. (2012): Design and construction principles in Nature and Architecture. – Bioinspiration and Biomimetics, 7. DOI:10.1088/1748-3182/7/1/015002
Nachtigall, W. (2003): Bau-Bionik. – Springer-Verlag, Berlin,
Pohl, G. (ed.) (2010): Textiles, polymers and composites for buildings. – Woodhead Textiles Series No. 95, Woodhead Publishing in Textiles, Cambridge, England.
Menges, A. & Reichert, S. (2012): Material Capacity: Embedded Responsiveness. – Architectural Design Journal, 82/2: 52-59.
Schleicher, S., Lienhard, J., Poppinga, S., Speck, T. & Knippers, J. (2010): Abstraction of bio-inspired curved-line folding patterns for elastic foils and membranes in architecture. – In: Brebbia, C.A. & Carpi, A. (eds.), Design and Nature V, 479 - 490. WIT Press, Southampton.

Bionische Fassadenverschattungen (S. 104-105)
Lienhard, J., Poppinga, S., Schleicher, S., Speck, T. & Knippers, J. (2010): Elastic architecture: nature inspired pliable structures. – In: Brebbia, C.A. (ed.), Design and Nature V, 469 - 477. WIT Press, Southampton.
Lienhard, J., Schleicher, S., Poppinga, S., Masselter, T., Milwich, M., Speck, T. & Knippers, J. (2011): Flectofin: a nature based hinge-less flapping mechanism. – Bioinspiration and Biomimetics, 6: DOI: 10.1088/1748-3182/6/4/045001
Poppinga, S., Masselter, T., Lienhard, J., Schleicher, S., Knippers, J. & Speck, T. (2010): Plant movements as concept generators for deployable systems in architecture. – In: Brebbia, C.A. (ed.), Design and Nature V, 403 - 410. WIT Press, Southampton.

Von Knochen und Stahlbeton (S. 106-107)
Antony, F., Bertling, J., Speck, T. & Speck, O. (2011): Bionisch = Nachhaltig? Operationalisierung des Nachhaltigkeitspotentials bionischer Innovationen. – In: Kesel, A.B. & Zehren, D. (eds.), Bionik: Patente aus der Natur. Tagungsbeiträge zum 5. Bionik-Kongress in Bremen: 184 – 190. Bionik-Innovations-Centrum (B-I-C), Bremen.

Bionische Wärmetauscher (S. 108-109)
Butscher, R. (2008): Verbesserte Solarkollektoren. – In: Bionik – Lernen von der Natur, 168-171. Buchreihe Spektrum, Wissen Media Verlag (Bertelsmann), Gütersloh.
Hermann, M. (2005): Bionische Ansätze zur Entwicklung energieeffizienter Fluidsysteme für den Wärmetransport. – Selbstverlag, Karlsruhe.

Transparente Wärmedämmung (S. 110-111)
Grojean, R. E., Sousa, J. A. & Henry, M. C. (1980): Utilization of solar radiation by polar animals: an optical model for pelts. – Applied Optics, 19: 339-346.
Koon, D. W. (1998): Is polar bear hair fiber optic? – Applied Optics, 37: 3198-3200.
Øritsland, N.A. (1970): Temperature regulation of the polar bear (Thalarctos maritiums). – Comparative Biochemistry and Physiology, 37: 225-233.
Tributsch, H. Goslowsky, H., Küppers, U. & Wetzel H. (1990): Light collection and solar sensing through the polar bear pelt. – Solar Energy Materials, 21: 219-236.

Molekulare Bionik (S. 112-115)
Antonietti, M. & Fratzl, P. (2010): Biomimetic principles in polymer and material Science. – Macromolecular Chemistry and Physics, 211: 166-170.
Eggert, T. (2006): Bionik im Reagenzglas – Biokatalysator-Design nach dem Vorbild der Natur durch gerichtete Evolution. – Chemie Ingenieur Technik, 78: 453-459.
Grunwald, I., Rischka, K., Kast, S.M., Scheibel, T. & Bargel, H. (2009): Mimicking biopolymers on a molecular scale: nano-(bio)technology based on engineered proteins. – Philosophical Transactions of the Royal Society London A, 367: 1727-1747.
Finnemore, A., Cunha, P., Shean, T., Vignolini, S., Guldin, S., Oyen, M. & Steiner, U. (2012): Biomimetic layer-by-layer assembly of artificial nacre. – Nature Communications, 3: 966. doi:10.1038/ncomms1970

Melzer, B., Steinbrecher, T., Seidel, R., Kraft, O., Schwaiger, R. & Speck, T. (2010): The attachment strategy of English Ivy: a complex mechanism acting on several hierarchical levels. – Journal of The Royal Society Interface, 7: 1383.1389.

Künstliche Spinnenseide (S. 116-117)
Römer, L. & Scheibel, T. (2007): Grundlage für neue Materialien – Spinnenseidenproteine. – Chemie in unserer Zeit, 41: 306-314.
Römer, L. & Scheibel, T. (2008): Spinnen wie die Spinnen. – Nachrichten aus der Chemie, 56: 516 - 519.
Humenik, M., Smith, A.M. & Scheibel T. (2011): Recombinant spider silks – biopolymers with potential for future applications. – Polymers, 3: 640 - 661.

Von Stabheuschrecken... (S. 118-121)
Cruse, H., Dürr, V., & Schmitz, J. (2007): Insect walking is based on a decentralized architecture revealing a simple and robust controller. – Philosophical Transactions of the Royal Society A, Math Phys Eng Sci, 365: 221 - 250.
Schmitz, J., Schneider, A., Schilling, M. & Cruse, H. (2008): No need for a body model: Positive velocity feedback for the control of an 18-DOF robot walker. – Applied Bionics and Biomechanics, 5: 135 - 147.
Schneider, A., Paskarbeit, J., Schäffersmann, M. & Schmitz, J. (2012): HECTOR, a new hexapod robot platform with increased mobility – control approach, design and communication. – In: Advances in Autonomous Mini Robots (eds. Rückert, U., Sitte, J. & Werner, F.), Springer, Heidelberg, 249-264.

Orte der Biodiversität (S. 122-123)
Barthlott, W., Rauer. G., Ibisch, P.L., v. den Driesch, M. & Lobin, W. (1999): Biodiversität und Botanische Gärten. – In: Bundesamt für Naturschutz (ed.), Botanische Gärten und Biodiversität – Erhaltung biologischer Vielfalt durch Botanische Gärten und die Rolle des Übereinkommens über die biologische Vielfalt (Rio de Janeiro, 1992): 1-24. – Landwirtschaftsverlag, Münster.
v. den Driesch, M. & Lobin, W. (2001): Botanische Gärten und Erhaltung biologischer Vielfalt – ein Erfahrungsaustausch. – Referate und Ergebnisse des gleichlautenden Workshops in Georgien vom 23.- 28. Mai 1999. 153 S. – Landwirtschaftsverlag, Münster.
v. den Driesch, M., Lobin W. & Neinhuis, C. (2007): Botanische Gärten und Biodiversität: Möglichkeiten und Grenzen. – In: Roscher, K., Engelschall, B., Hethke, M. & Wöhrmann, F. (eds.), Paragraph trifft Publikum. Tagungsband der 9. Fortbildung der AG Pädagogik im Verband Botanischer Gärten e.V., Tharandt (2005): 6-12. Selbstverlag Forstbotanischer Garten.

Schatztruhen für die Bionik (S. 124-125)
Cerman, Z., Barthlott, W. & Nieder, J. (2005): Erfindungen der Natur. Bionik – Was wir von Pflanzen und Tieren lernen können. – Rowohlt, Reinbek.
Speck, T. & Speck, O. (2008): Bionik: Interdisziplinäre Forschung und Bildung in Botanischen Gärten. – In: Hurka, H. (ed.) Botanische Gärten gestalten Zukunft – Umweltkommunikation, Artenschutz und Genetische Ressourcen, Sonderband der Osnabrücker Naturwissenschaftliche Mitteilungen, 33/34: 155 - 173.

Bionik in Botanischen Gärten (S. 126-127)
Speck, T. & Speck, O. (2007): Bionik in Botanischen Gärten: Ein Bildungsangebot von 8 bis 80. – In: Kesel, A.B. & Zehren, D. (eds.), Bionik: Patente aus der Natur, Tagungsbeiträge zum 3. Bionik-Kongress in Bremen, Bionik-Innovations-Centrum (B-I-C), Bremen, 157 - 170.
Speck, T. & Speck, O. (2008): Bionik: Interdisziplinäre Forschung und Bildung in Botanischen Gärten. – In: Hurka, H. (ed.) Botanische Gärten gestalten Zukunft – Umweltkommunikation, Artenschutz und Genetische Ressourcen, Sonderband der Osnabrücker Naturwissenschaftliche Mitteilungen, 33/34: 155 - 173.

Vorbild für nachhaltige Technikentwicklung (S. 128-129)
Antony, F. , Mai, F., Speck, T. & Speck, O. (2012): Bionik – Vorbild Natur als Versprechen für nachhaltige Technikentwicklung? – Naturwissenschaftliche Rundschau 65(4): 175 - 182.
Antony, F., Bertling, J., Speck, T. & Speck, O. (2011): Bionisch = Nachhaltig? – Bewertung des Nachhaltigkeitspotentials bionischer Innovationen. – In: Kesel, A.B. & Zehren, D. (eds.), Bionik: Patente aus der Natur, Tagungsbeiträge zum 5. Bionik-Kongress in Bremen, Bionik-Innovations-Centrum (B-I-C), Bremen: 184 - 190.
Bertling, J. & Knappertsbusch, V. (2009): Nachhaltigkeitsbewertung in der Forschungsmaßnahme BIONA, Fraunhofer UMSICHT. Intranet BIONA.
von Gleich, A., Pade, C., Petschow, U. & Pissarskoi, E. (2007): Bionik. Aktuelle Trends und künftige Potentiale. Endbericht des Forschungsprojekts „Potentiale und Trends der Bionik“, gefördert vom Bundesministerium für Bildung und Forschung(BMBF), Berlin, Bremen.

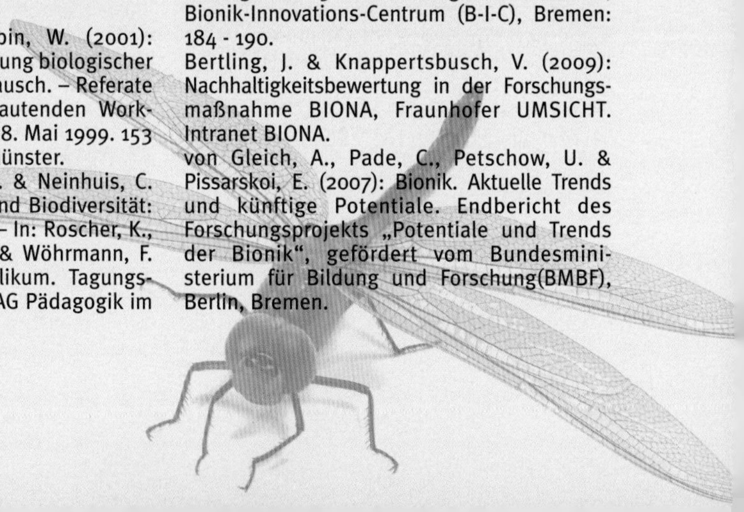

Kopfmüller, J. (2001): Nachhaltige Entwicklung integrativ betrachtet. Konstitutive Elemente, Regeln, Indikatoren. – Edition Sigma, Berlin.

BILDNACHWEIS

TITEL
Strelitzienblüte
© Plant Biomechanics Group Freiburg
Schemazeichnungen Flectofin©
© Simon Schleicher & Julian Lienhard, ITKE Stuttgart

INNENSEITE UMSCHLAG
© Christoph Neinhuis, TU Dresden
© Alfred Wegener, Institut für Polar- und Meeresforschung/WeserWind GmbH, Niels Niebuhr/Rene van der Hellen

Seiten 10 - 11
Tafel VIII aus „Der Vogelflug ...
© Lilienthalmuseum, Anklam
Lilienthal mit kleinem Schlagflügelapparat
© Lilienthalmuseum, Anklam
Wiesenbocksbart (Tragopogon pratensis)
© Plant Biomechanics Group Freiburg
Die Flugsamen von Alsomitra macrocarpa ...
© Plant Biomechanics Group Freiburg
Blattunterseite der Riesenseerose
© Plant Biomechanics Group Freiburg

Seiten 12 - 13
Selbstportrait von Leonardo da Vinci
© da Vinci, Wikimedia commons
Skizzen von Leonardo da Vinci ...
© da Vinci, Wikimedia commons
Leonardo da Vincis Theorien über das...
© da Vinci, Wikimedia commons
Stern von Bethlehem gezeichnet von...
© da Vinci, Wikimedia commons

Seiten 14 - 15
Verschiedene internationale, nationale ...
© BIOKON e.V., BIOKON international, Kompetenznetz Biomimetik, Bionik-InnovationsCentrum (B-I-C), Kompetenznetz Biomimetik
Teilbereiche der Bionik
© Schroedel Verlag & Plant Biomechanics Group Freiburg
Hintergrundbild: © DouDou – Fotolia.com

Seiten 16 - 17
Die Pfeifenwinde (Aristolochia macrophylla)
© Plant Biomechanics Group Freiburg
Zusammenhang zwischen Technischer Biologie, Bionik und Reverser Bionik
© Plant Biomechanics Group Freiburg
Vorgehensweise beim „Bottom-Up-Prozess“
© Plant Biomechanics Group Freiburg
Vorgehensweise beim „Top-Down-Prozess“
© Plant Biomechanics Group Freiburg
Hintergrundbild: © radoma – Fotolia.com

Seiten 18 - 21
Ein Schwarzspitzenriffhai im freien Wasser
© Christoph Neinhuis, TU Dresden
Hautzähne auf der Oberfläche eines Dornhais
© Christoph Neinhuis, TU Dresden
Vereinfachte Ribletfolien
© Christoph Neinhuis, TU Dresden
Blattoberfläche von Hygroryza aristata
© Christoph Neinhuis, TU Dresden
Eines der ersten Experimente zur ...
© Wilhelm Barthlott, Nees Institut für Biodiversität der Pflanzen, Universität Bonn
Hintergrundbild: © THesIMPLIFY – Fotolia.com

Seiten 22 - 23
Schirmchenfliegerfrüchte des Löwenzahns
© Hendrik Bargel, Universität Bayreuth
Gleitflugsame der Zanonie
© Deutsches Museum, München
Von Zanonien-Samen inspirierter Nurflügel
© Deutsches Museum, München
Das Flugzeug „Etrich II Taube“
© Deutsches Museum, München
Konzeptstudie VELA 2
© Deutsches Zentrum für Luft und Raumfahrt (DLR), Braunschweig
Hintergrundbild: © Davidus – Fotolia.com

Seiten 24 - 25
Große Landvögel, die durch Ausnutzung ...
© Joachim Neumann – Fotolia.com
Randwirbel an einer konventionellen ...
© Ingo Rechenberg, TU Berlin
Technische Umsetzung der ...
© Ingo Rechenberg, TU Berlin
Modernes Verkehrsflugzeug mit ...
© Chistoph Neinhuis, TU Dresden
Hintergrundbild: © Joachim Neumann – Fotolia.com

Seiten 26 - 27
Ein Adélie-Pinguin wirkt ...
© Plant Biomechanics Group Freiburg
Beim „Unterwasserflug“ der Pinguine
© Plant Biomechanics Group Freiburg
Der ferngesteuerte Roboter-Pinguin
© Festo AG & Co. KG
Hintergrundbild: © Anna Velichkovsky – Fotolia.com

Seiten 28 - 31
Der Bionische Handling-Assistent
© Ansgar Pudenz
Beim BionicsLab der Festo Didactic GmbH...
© Festo Didactic GmbH & Co. KG
Aus der Zusammenarbeit zwischen der ...
© Ansgar Pudenz
Das Team von Scaled Composites ...
© vulcan.com
Hintergrundbild: © THesIMPLIFY – Fotolia.com

Seiten 32 - 33
Die Schwanzflosse eines Fisches
© Plant Biomechanics Group Freiburg
Im Querschnitt einer Forellenflosse ...
© Thea Lautenschläger/Christoph Neinhuis, TU Dresden
Putzeimer mit Auswringeinheit
© Vileda GmbH, Weinheim
Hintergrundbild: © Andreas F. – Fotolia.com

Seiten 34 - 35
Prothesenhand des Orthopädischen ...
© Festo AG & Co. KG
Oberarmmuskeln im Einsatz
© Plant Biomechanics Group Freiburg
Prinzip der Verkürzung von ...
© Plant Biomechanics Group Freiburg
Fluidic Muscle mit freigelegten...
© Festo AG & Co. KG

Seiten 36 - 37
Prima musculorum tabula - Anatomisches...
© Andreas Vesalius
Humanoider Muskelroboter ZAR5...
© Festo AG & Co. KG
Die linke Fünffinger Hand des Humanoiden Muskelroboters ...
© Ivo Boblan, TU Berlin
Die linke Fünffinger Hand des Humanoiden Muskelroboters ZAR5 im Dreifingerhaltegriff eines rohen Eies.
© Ivo Boblan, TU Berlin
Hintergrundbild: © THesIMPLIFY – Fotolia.com

Seiten 38 - 39
Fruchtstände der Kleinen Klette
© Plant Biomechanics Group Freiburg
Funktionsprinzip des Klettverschlusses
© TU Dresden
Nahaufnahme des Klettverschlusses
© Plant Biomechanics Group Freiburg
Klettverschluss zur Verankerung ...
© Plant Biomechanics Group Freiburg

Seiten 40 - 41
Viele Haie sind schnelle Jäger
© Christoph Neinhuis, TU Dresden und Hendrik Bargel, Universität Bayreuth
Die Zahnschuppen ...
© Christoph Neinhuis, TU Dresden
Das Fraunhofer Institut IFAM hat einen ...
© Fraunhofer Institut IFAM, Bremen
An der Universität Florida/USA ist eine ...
© Prof. Dr. Anthony Brennan, Dept. of Materials Science and Engineering University of Florida.
Hintergrundbild: © antishock – Fotolia.com

Seiten 42 - 43
Die Lotusblume ist das Sinnbild der Reinheit
© Wilhelm Barthlott, Nees Institut für Biodiversität der Pflanzen, Universität Bonn
Der rote Farbstoff Sudan
© Christoph Neinhuis, TU Dresden
Die Epidermispapillen auf der ...
© Christoph Neinhuis, TU Dresden
Die erfolgreiche technische Umsetzung ...
© Sto AG, Stühlingen
Hintergrundbild: © Daniel Bujack - Fotolia.com

Seiten 44 - 45
Himmelblauer Zergtaggecko...
© Klaus Eppele – Fotolia.com
Die feinen Haare an den Tarsen des ...
© Stanislav N. Gorb, Universität Kiel
Technische Umsetzung der feinen ...
© Stanislav N. Gorb, Universität Kiel
Prototyp einer Haftfolie
© Stanislav N. Gorb, Universität Kiel
Hintergrundbild: © Brigitte Meckle –- Fotolia.com

Seiten 46 - 47
Komplexaugen des Roten Ordensbandes (Catocala nupta) und Detail der...
© Christoph Neinhuis, TU Dresden
Konische Nano-Noppen auf der Oberfläche
© Christoph Neinhuis, TU Dresden
Nach dem „Mottenaugeneffekt“ ...
© Plant Biomechanics Group Freiburg
Durch den Mottenaugeneffekt werden ...
© Plant Biomechanics Group Freiburg
Hintergrundbild: © unpict – Fotolia.com

Seiten 48 - 49
“Bottom-Up-Prozess“ der Bionik
© Plant Biomechanics Group Freiburg
“Top-Down-Prozess“ der Bionik
© Plant Biomechanics Group Freiburg
Blüte der Lotuspflanze (Nelumbo nucifera)
© Plant Biomechanics Group Freiburg
Hintergrundbild: © Daniel Bujack – Fotolia.com

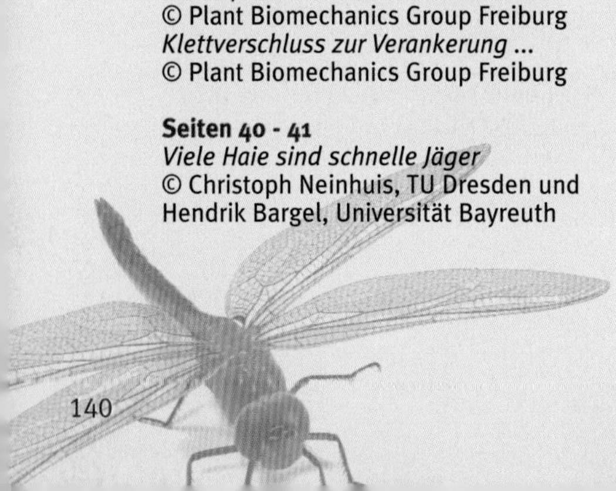

Seiten 50 - 51
Feld mit Klatschmohn (Papaver rhoeas)
© Plant Biomechanics Group Freiburg
Mohnkapsel
© Plant Biomechanics Group Freiburg
Schematische Darstellung des ...
© Plant Biomechanics Group Freiburg
Hintergrundbild: © M. Schuppich – Fotolia.com

Seiten 52 - 53
Osagedorn (Maclura pomifera) mit Dornen
© Plant Biomechanics Group Freiburg
Stacheldraht
© Plant Biomechanics Group Freiburg
Sammlung verschiedener Stacheldrähte
© Devil's Rope Museum, cropped + contrast by Dake
Hintergrundbild: © Dirk Czarnota -– Fotolia.com

Seiten 54 - 55
Blatt einer Fächerpalme
© Plant Biomechanics Group Freiburg
Gerade Falte
© Plant Biomechanics Group Freiburg
Gekrümmte Falte
© Plant Biomechanics Group Freiburg
Eindimensionale Faltung
© Plant Biomechanics Group Freiburg
Zweidimensionale Faltung
© Plant Biomechanics Group Freiburg

Seiten 56 - 57
Blüte der Königin der Nacht
© Plant Biomechanics Group Freiburg
Konventionelle verschraubte ...
© Plant Biomechanics Group Freiburg
Offene Fangblätter der Venusfliegenfalle
© Plant Biomechanics Group Freiburg
Demonstrator einer bionischen ...
© Plant Biomechanics Group Freiburg

Seiten 58 - 59
Gorillamutter mit Kind
© Eric Gevaert – Fotolia.com
Die benötigte Zeit auf der geraden ...
© Michael Herdy INPRO GmbH und Plant Biomechanics Group Freiburg
Hintergrundbild: © djemphoto – Fotolia.com

Seiten 60 - 61
In polarisiertem Licht zeigt eine übliche ...
© Hendrik Bargel, Universität Bayreuth
Astgabeln (Zwiesel) haben eine ...
links: © Stefan Schneckenburger, TU Darmstadt
rechts: © Claus Mattheck, Karlsruher Institut für Technologie
Methode der Zugdreiecke als grafische ...
© Hendrik Bargel, Universität Bayreuth
Orthopädische Schraube und Analyse der Spannungsverteilung
© Claus Mattheck, Karlsruher Institut für Technologie

Seiten 62 - 63
Längsschnitt durch den unteren ...
© Plant Biomechanics Group Freiburg
Bananenstaude und Querschnitt durch ...
© Plant Biomechanics Group Freiburg
Leichtbaumethode „In Seilen denken!" ...
© Claus Mattheck, Karlsruher Institut für Technologie
Modell eines Bambusknotens ...
© Plant Biomechanics Group Freiburg und Karlsruher Institut für Technologie

Seiten 64 - 67
Rasterelektronenmikroskopische Aufnahme der Diatomeen Actinoptychus senarius (Abb. 1a) und Asteromphalus sp. (Abb. 1b)
Abb. 1a: © Lars Friedrichs, Alfred Wegener Institut für Polar- und Meeresforschung
Abb. 1b: © Friedel Hinz, Alfred Wegener Institut für Polar- und Meeresforschung
Rasterelektronenmikroskopische Aufnahme der Radiolarie Hexacontium sp.
© Nils Niebuhr, Alfred Wegener Institut für Polar- und Meeresforschung
Schematische Darstellung der Radioloarie...
© Nils Niebuhr, Alfred Wegener Institut für Polar- und Meeresforschung
Abbildungen Seite 67 oben und unten
© Alfred Wegener Institut für Polar- und Meeresforschung
Schematische Darstellung einer Offshore-Windkraftanlage ...
© Alfred Wegener Institut für Polar- und Meeresforschung / WeserWind GmbH, Nils Niebuhr / Rene von der Hellen
Hintergrundbild: © ~lonely~ – Fotolia.com

Seiten 68 - 69
Bienenwaben an einem Baum im ...
© Plant Biomechanics Group Freiburg
Detailaufnahme der hexagonalen ...
© Irochka – Fotolia.com
Bienenwaben: Übergang von runden, neu...
© Jürgen Tautz, BEEgroup Universität Würzburg
(a) Wabe eines piezoelektrischen Aktuators, (b) Herstellung keramischer piezoelektrischer Aktuatoren in Wabenform...
© Technische Universität Clausthal-Zellerfeld (INM) & Deutsches Institut für Luft- und Raumfahrt (DLR-BS (FA))
Funktionsmodell eines piezoelektrischen Aktuators in Wabenform ...
© Deutsches Zentrum für Luft- und Raumfahrt (DLR-BS (FA))

Seiten 70 - 71
Blattschneiderameisen bilden beim ...
© Plant Biomechanics Group Freiburg
Viele Termiten (z.B. die Gattung ...
© Heike Feldhaar, Universität Bayreuth
Fischschwärme zeigen ein komplexes...
© Plant Biomechanics Group Freiburg
Vogelschwarm
© Daelin – Fotolia.com
Hintergrundbild: © Dreamframer – Fotolia.com

Seiten 72 - 73
Pfeifenwinde (Aristolochia macrophylla)...
© Plant Biomechanics Group Freiburg, 2004
Pfeifenwinde (Aristolochia macrophylla)...
© Plant Biomechanics Group Freiburg, 2002
Querschnitt durch einen zweijährigen ...
© Plant Biomechanics Group Freiburg, 2007
Eine Reparaturzelle versiegelt einen ...
© Plant Biomechanics Group Freiburg, 2009
Aushärtung des Milchsafts bei Birkenfeige
© Plant Biomechanics Group Freiburg, 2007
Dachkonstruktion eines Parkhauses
© EMPA, Dübendorf, 2005
Hintergrundbild: © djemphoto – Fotolia.com

Seiten 74 - 75
Ratten können wie andere Nagetiere ...
© © Heiko Kiera – Fotolia.com
Am Beispiel des Hamsterschädels
© Christoph Neinhuis, TU Dresden
Die rasterelektronenmikroskopische ...
© Christoph Neinhuis, TU Dresden
Vergleich eines konventionellen und ...
© Fraunhofer Institut UMSICHT aus Rechberger 2012
Grafische Darstellung der Standfestigkeit...
© Fraunhofer Institut UMSICHT aus Rechberger 2012
Hintergrundbild: © Pakhnyushchyy – Fotolia.com

Seiten 76 - 77
Schädel eines Bibers
© Plant Biomechanics Group Freiburg
Selbstreparatur im Stamm der...
© Plant Biomechanics Group Freiburg
Herstellung eines technischen ...
© ITV Denkendorf
„Technischer Pflanzenhalm" – ein ...
© Plant Biomechanics Group Freiburg
Lammknochen
© Plant Biomechanics Group Freiburg
Hintergrundbild: © antishock – Fotolia.com

Seiten 78 - 79
Modell eines Bambushalms mit den ...
© Plant Biomechanics Group Freiburg
Biologische Vorbilder des „Technischen Pflanzenhalms", ...
© Plant Biomechanics Group Freiburg
Der „Technische Pflanzenhalm" ...
© Plant Biomechanics Group Freiburg
Flechtpultrusionsanlage zur Herstellung...
© Institut für Textil- und Verfahrenstechnik (ITV) Denkendorf
Hintergrundbild: © imagophotodesign – Fotolia.com

Seiten 80 - 81
Der Köcherbaum (Aloe dichotoma) eine baumförmige ...
© Christoph Neinhuis, TU Dresden
Selbst große Säulenkakteen ...
© Wilhelm Barthlott, Nees Institut für Biodiversität der Pflanzen, Universität Bonn
Frei präpariertes Festigungsgewebe ...
© Christoph Neinhuis, TU Dresden
Machbarkeitsstudie eines dreidimensionalgeflochtenen...
© Institut für Textil- und Verfahrenstechnik (ITV) Denkendorf
Hintergundbild: www.fotolia.de

Seiten 82 - 83
Bambushalme sind ein Ideengeber ...
© Plant Biomechanics Group Freiburg
Die Stacheln von Igel und Stachelschwein...
© Plant Biomechanics Group Freiburg
Die bionische Schockpalette besteht nur ...
© Plant Biomechanics Group Freiburg & Henrique Monerat, Hochschule Offenbach
Funktions-Demonstrator der bionischen Schockpalette mit verschieden Arten ...
© Institut für Textil- und Verfahrenstechnik (ITV) Denkendorf
Modell der bionischen Schockpalette
© Plant Biomechanics Group Freiburg & Henrique Monerat, Hochschule Offenbach
Simulation der Funktionsweise ...
© Plant Biomechanics Group Freiburg & Henrique Monerat, Hochschule Offenbach

Seiten 84 - 85
Längsschnitte durch eine Pomelo ...
© Plant Biomechanics Group Freiburg
Verteilung von Zellwandmaterial ...
© Plant Biomechanics Group Freiburg
Schemazeichnung eines innovativen von Fruchtwänden ...
© Gießerei-Institut RWTH Aachen

Seiten 86 - 87
Biologie und Technik Hand in Hand ...
© Ivo Boblan, Technische Universität Berlin
Klettverschluss – Mikroskopische Aufnahme...
© Rainer Erb, BIOKON e.V.
Hintergrundbild: © THesIMPLIFY – Fotolia.com

Seiten 88 - 89
Kofferfisch
© airmaria – Fotolia.com
Gelbbrauner Kofferfisch ...
© Daimler AG
Mercedes-Benz bionic car
© Daimler AG
Leichtbaukarosserie optimiert ...
© Daimler AG
Strömungsmodell des Mercedes-Benz bionic car im Windkanal
© Daimler AG
Originalgetreuer Modellnachbau ...
© Daimler AG
Strömungsmodell des Mercedes-Benz bionic car im Wasserkanal
© Daimler AG
Hintergrundbild: © THesIMPLIFY – Fotolia.com

Seiten 90 - 91
Gepard beim schnellen Lauf
© Malene Thyssen, Wikimedia commons, 2010
Formveränderung der Tatze eine Raubkatze
© Continental AG, 2010
Reifenbreite eines konventionellen Reifens
© Continental AG, 2010, verändert
Der bionische Reifen ContiPremiumContact
© Continental AG, 2010
Hintergrundbild: © Felix Pergande – Fotolia.com

Seiten 92 - 93
Getrocknetes Exemplar des Schwarzen...
© Helmut Schmitz, Universität Bonn
Blick auf die Infrarot-Rezeptoren
© Helmut Schmitz, Universität Bonn
Testaufbau eines makroskopischen ...
© Forschungszentrum Jülich (IBN-2)
Schema eines bereits verkleinerten ...
© Helmut Schmitz & Thilo Kahl Universität Bonn
Hintergundbild: © Valeev – Fotolia.com

Seiten 94 - 97
Reichardt-Hassenstein-Detektor. ...
© Tobias Kohl & Harald Luksch, Technische Universität München
Räumliche Abbildung der Umgebung ...
© Tobias Kohl & Harald Luksch, Technische Universität München
Mechanismus der lateralen Inhibition ...
© Tobias Kohl & Harald Luksch, Technische Universität München
Westliche Diamantklapperschlange ...
© Tobias Kohl & Harald Luksch, Technische Universität München
Im Mittelhirn der Klapperschlange
© Tobias Kohl & Harald Luksch, Technische Universität München
Hintergundbild: © ag visuell – Fotolia.com

Seiten 98 - 99
Ohr
© Piotr Marcinski – Fotolia.com
Die Schemazeichnung zeigt ...
© Cochlear Limited 2012
Empfängerspule mit Elektroden
© Cochlear Limited 2012
Elektroden
© Cochlear Limited 2012
Telefonieren gehört heute zu
© Plant Biomechanics Group Freiburg
Hintergundbild: © Franz Metelec – Fotolia.com

Seiten 100-103
Dieses Bild der 2009 fertiggestellten „My Zeil"...
© Christian Sauter
Fünf hierarchische Strukturebenen ...
© Plant Biomechanics Group Freiburg
Das Plattenskelett des Sanddollar ...
© James Nebelsick, Universistät Tübingen
Der 2011 von Studierenden der Architektur und des Bauingenieurwesens ...
© Institute for Computional Design (ICD) und Institut für Tragkonstruktionen und Konstruktives Entwerfen (ITKE) Universität Stuttgart
Siebenachs-Roboterarm zur Computergesteuerten Herstellung ...
© Institute for Computional Design (ICD) und Institut für Tragkonstruktionen und Konstruktives Entwerfen (ITKE) Universität Stuttgart
Hintergrundbild: © THesIMPLIFY – Fotolia.com

Seiten 104 - 105
Blüte der Paradiesvogelblume
© RousLou Corts
Simulation von drei Stellungen ...
© Plant Biomechanics Group Freiburg & Institut für Tragkonstruktionen und konstruktives Entwerfen (ITKE) Universität Stuttgart
Verschiedene Phasen der Öffnung der Sitzstange
© Plant Biomechanics Group Freiburg & Institut für Tragkonstruktionen und konstruktives Entwerfen (ITKE) Universität Stuttgart
Prototyp der bionischen Fassadenverschattung ...
© Plant Biomechanics Group Freiburg & Institut für Tragkonstruktionen und konstruktives Entwerfen (ITKE) Universität Stuttgart
Hintergrundbild: © Simon Schleicher & Julian Lienhard ITKE, Universität Stuttgart

Seiten 106 - 107
Beleuchtete Nachtaufnahme des ...
© Bruno Krupp, Freiburg und Universitätsbauamt Freiburg

Rohbau des alten Zoologiehörsaals ...
© Bruno Krupp, Freiburg und Universitätsbauamt Freiburg
Simulation der Hörsaaldecke
© ITKE Universität Stuttgart
Im Längsschnitt des Oberschenkelknochens ...
© Plant Biomechanics Group Freiburg
Kraftlinien eines Röhrenknochens ...
© Plant Biomechanics Group Freiburg

Seiten 108 - 109
Dichotome (gabelteilige) Verzweigung der Blattadern ...
© Thea Lautenschläger, TU Dresden
Blatt des Ginkgobaums ...
© Plant Biomechanics Group Freiburg
Harfenförmige, mäanderförmige und ...
© Michael Hermann, Fraunhofer-Institut für Solare Energiesysteme ISE, Freiburg
Prototyp eines Solarkollektors ...
© Michael Hermann, Fraunhofer-Institut für Solare Energiesysteme ISE, Freiburg

Seiten 110 - 111
Der Eisbär besitzt ein dichtes ...
(Das Fell stammt aus den Senckenberg Naturhistorischen Sammlungen Dresden)
© Christoph Neinhuis, TU Dresden
Eisbären in der Arktis ...
© Sto AG
Die Haare des Eisbären besitzen einen ...
© Christoph Neinhuis, TU Dresden
In mitteleuropäischen Zoos kann ...
© Plant Biomechanics Group Freiburg
StoSolar, eine solare Wandheizung ...
© Sto AG
Abbildung Häuser und Grafik
© Sto AG
Hintergrundbild: © Goinyk Volodymyr – Fotolia.com

Seiten 112 - 115
Ein Spinnennetz aus Seide ...
© Hendrik Bargel, Universität Bayreuth
Miesmuscheln haften sich ...
© Thomas Scheibel, Universität Bayreuth
Ranke des Wilden Weins ...
© Plant Biomechanics Group Freiburg & Karlsruher Institut für Technologie (KIT)
Trieb des Europäischen Efeus ...
© Plant Biomechanics Group Freiburg
Hintergrundbild: © djemphoto – Fotolia.com

Seiten 116 - 117
Die Europäische Gartenkreuzspinne ...
© Gregor Lang und Hendrik Bargel, Universität Bayreuth
Hierarchischer Aufbau des Rahmen- bzw ...
© Martin Humenik, Hendrik Bargel und Thomas Scheibel, Universität Bayreuth
Schematische Darstellung der repetitiven ...
© Stefanie Wohlrab und Thomas Scheibel, Universität Bayreuth
Entwicklungsschema der biomimetischen ...
© Hendrik Bargel und Thomas Scheibel, Universität Bayreuth
Verschiedene Materialformen ...
© Hendrik Bargel und Thomas Scheibel, Universität Bayreuth

Seiten 118 - 121
Neben Schaben ist die indische Stabheuschrecke ...
© Josef Schmitz & Axel Schneider, Universität Bielefeld
Der Körper von TARRY ...
© Josef Schmitz & Axel Schneider, Universität Bielefeld
LAURON eine in Zusammenarbeit ...
© FZI Forschungszentrum Informatik Karlsruhe
HECTOR vereint viele bio-inspirierte ...
© Josef Schmitz & Axel Schneider, Universität Bielefeld
Hintergrundbild: © Denchik – Fotolia.com

Seiten 122 - 123
Der Kronenraum eines asiatischen ...
© Christoph Neinhuis, TU Dresden
Karte der Verteilung der globalen Biodiversität ...
© Wilhelm Barthlott, Nees Institut für Biodiversität der Pflanzen, Universität Bonn
Blick in einen Teil der Zoologischen ...
© Plant Biomechanics Group Freiburg
Ausstellungsexemplare der Käfersammlung ...
© Plant Biomechanics Group Freiburg
Hintergrundbild: © babimu – Fotolia.com

Seiten 124 - 125
Der Botanische Garten Bonn...
© Christoph Neinhuis, TU Dresden
Botanischer Garten Dresden...
© Christoph Neinhuis, TU Dresden
Freipräparierter Leitgewebezylinder ...
© Christoph Neinhuis, TU Dresden
Knochenbälkchen im Oberschenkelknochen ...
© Plant Biomechanics Group Freiburg
Hintergrundbid: © Jezper – Fotolia.com

Seiten 126 - 127
Wie dick kann ein Baumstamm werden?
© Plant Biomechanics Group Freiburg
Versuche zum Lotus-Effect®
© Plant Biomechanics Group Freiburg
Selbstreinigungseffekt auf Lotusblättern
© Plant Biomechanics Group Freiburg
Herstellung von selbstreinigenden

Oberflächen
© Plant Biomechanics Group Freiburg
Exkursion zur Bionik
© Plant Biomechanics Group Freiburg
Bionik-Führung im Gewächshaus
© Plant Biomechanics Group Freiburg
Nachwuchswissenschaftler ...
© Plant Biomechanics Group Freiburg
Hintergrundbild: © Vitaly Krivosheev – Fotolia.com

Seiten 128 - 129
Nachhaltiges Denken und Handeln ...
© Khorzhevska – Fotolia.com
Nachhaltigkeitskonzepts...
© Plant Biomechanics Group Freiburg
Nachhaltige Entwicklung berücksichtigt ...
© Plant Biomechanics Group Freiburg
Das bionische Versprechen: Das Produkt ...
© Plant Biomechanics Group Freiburg

Anhang
Hintergrundbild Einstieg
© radoma – Fotolia.com
Ameisen
© Dreamframer – Fotolia.com
Libelle
© babimu – Fotolia.com
Fingerabdruck
© pro motion pic -- Fotolia.com

DIE AUTOREN/AUTORIN

THOMAS SPECK studierte Diplom-Biologie an der Universität Freiburg, promovierte 1990 und erhielt 1996 nach seiner Habilitation die venia legendi für Botanik & Biophysik. Nach einer Gastprofessur an der Universität Wien wurde Thomas Speck 2001 auf Professuren an der Humboldt-Universität Berlin und der Universität Freiburg berufen. Von 2002 bis 2006 war er Professor für Botanik und Direktor des Botanischen Gartens der Universität Freiburg. 2006 erhielt er einen Ruf als Leitender Direktor des Botanischen Gartens/Botanischen Museums Berlin-Dahlem verbunden mit einer Professur an der Freien Universität Berlin entschied sich jedoch als Direktor am Botanischen Garten Freiburg zu bleiben und hat seit 10'2006 den Lehrstuhl für „Botanik: Funktionelle Morphologie und Bionik" inne.

Er ist Sprecher des baden-württembergischen Kompetenznetzes „Biomimetik", Vorstandsvorsitzender des bundesweiten „Bionik-Kompetenznetzes BIOKON e.V." und Vizepräsident von „BIOKON international" sowie stellvertretender Vorsitzender der „Gesellschaft für Technische Biologie und Bionik". Außerdem ist er einer der Gründungsdirektoren des „Freiburger Zentrums für interaktive Werkstoffe und bioinspirierte Technologien (FIT)" und wissenschaftliches Mitglied im „Freiburger Materialforschungszentrum (FMF)". 2007 wurde er vom Bundesministerium für Bildung und Forschung in den Begleitkreis der Fördermaßnahme „BIONA – Bionische Innovationen für nachhaltige Produkte und Technologien" und vom Verein Deutscher Ingenieure e.V. (VDI) in den „Fachbeirat Bionik" berufen.

Für seine Forschungen im Bereich Bionik und Biomechanik sowie für seine Verdienst um Botanische Gärten wurde er mit mehreren Wissenschaftspreisen ausgezeichnet. Thomas Speck ist (Mit-)Herausgeber verschiedener wissenschaftlicher Bücher und Zeitschriften und hat über 450 Publikation zu Themen aus der Bionik, Biomechanik und Funktionsmorphologie sowie Evolutionsbiologie und Paläobotanik veröffentlicht.

OLGA SPECK studierte Biologie und Sport an der Universität Freiburg. Sie promovierte 2003 über Schwingungsdämpfung in Pflanzen. Seit 2002 ist sie als Managerin verantwortlich für Netzwerkaufgaben im Kompetenznetz Biomimetik und betreut mehrere Forschungs- und Entwicklungsprojekte im Bereich Bionik. Im Jahr 2007 wurde sie in den „Fachbeirat Bionik" des Vereins Deutscher Ingenieure e.V. berufen. Seit 2009 hat sie den Vorsitz der Fachgruppe „Aus- u. Weiterbildung" von BIOKON e. V. und den Vizevorsitz der Working Group „Education & Training" von BIOKON international. Sie wurde mit Wissenschaftspreisen für den „Technischen Pflanzenhalm" und selbstreparierende Materialien ausgezeichnet. 2009 erhielt sie die erste „Dr. Heinrich Netheler-Gedenkmünze" für die Idee und Konzeption des BionicsLab zum Einsatz in Schulen, Science Centern und im Rahmen des lebenslangen Lernens. 2010 wurde ihr der Sonja-Bernadotte-Preis für „Wege zur Naturerziehung" von der Deutschen Gartenbau-Gesellschaft 1822 e. V. für das Engagement im Bereich Bionik und Bildung verliehen.

CHRISTOPH NEINHUIS absolvierte nach der Schulzeit zunächst eine Gärtnerlehre und studierte von 1984 bis 1990 Biologie an der Rheinischen Friedrich-Wilhelms-Universität Bonn. 1993 wurde er nach Anfertigung einer Dissertation über strukturierte wasserabstoßende und selbstreinigende Oberflächen promoviert. Im Jahr 1999 erfolgte die Habilitation im Fach Botanik und kurz darauf die Übernahme einer Vertretung der Professur für Botanik an der Universität zu Köln. Im Jahr 2001 erhielt er einen Ruf an die Technische Universität Dresden und seit April 2002 ist er dort Professor für Botanik, Direktor des Botanischen Gartens und der Botanischen Sammlung Pirna-Zuschendorf, sowie des sächsischen Landesherbariums. Seine Forschungen umfassen Systematik, Taxonomie und Phylogenie verschiedener Pflanzengruppen, funktionelle Morphologie und Anatomie, Biomechanik und Bionik sowie Floristik und Naturschutz in Sachsen und angrenzenden Gebieten. Für seine Arbeiten an selbstreinigenden Oberflächen wurde er 1999 mit dem Philip-Morris-Forschungspreis ausgezeichnet.

HENDRIK BARGEL studierte Diplom-Biologie und Geographie an den Universitäten Mainz und Bonn. Er promovierte 2005 an der TU Dresden bei Christoph Neinhuis über die mechanischen Eigenschaften der pflanzlichen Cuticula. Nach einer einjährigen Post Doc-Zeit in Dresden war er von 2006 bis 2008 Geschäftsführer des Biotechnik-Zentrums der TU Darmstadt. Dort koordinierte er den interdisziplinären Forschungsschwerpunkt „Biotechnik – Biologisch-technische Systeme“ sowie das Management des Standortes Darmstadt im BIOKON e.V. und arbeitete in Lehre, Industrieberatung und Öffentlichkeitsarbeit zum Thema Bionik. Seit Oktober 2008 ist er wissenschaftlicher Mitarbeiter am Lehrstuhl Biomaterialien der Universität Bayreuth, wo er als Wissenschaftsmanager u.a. verantwortlich für Lehre, Bildungsarbeit und Netzwerkaufgaben im Bereich Bionik ist.
Er ist in mehreren Fachgruppen des BIOKON e.V., der Fachgruppe „Molecular Biochemical Biomimetics & Biotechnology“ von BIOKON International sowie in der Fachgruppe „Bioinspirierte & Interaktive Materialien“ der Deutschen Gesellschaft für Materialkunde (DGM) aktiv. Er erhielt zusammen mit dem Centrum für Interdisziplinäre Studienprogramme (CISP) der TU Darmstadt eine Auszeichnung der UN-Dekade „Bildung für eine nachhaltige Entwicklung“ 2005 bis 2014 für das Projekt „Sustainable Technology Education Project (STEP)“ im Zeitraum 2008 bis 2009. Zudem war er zusammen mit einem Konsortium aus Materialwissenschaftlern und Medizinern Gewinner des BMBF Innovationswettbewerbs Medizintechnik (InnoMed) 2007 mit dem Projekt „Hybrid-Feuchtklebstoff auf Basis von adhäsiven Muschelproteinen für die dentale Implantologie (BioClou)“. Er ist wissenschaftlicher Berater des Bayrischen Staatsministeriums für Umwelt und Gesundheit und für das Landesamt für Umwelt im Rahmen der Gründung des bayrischen Zentrums für Bionik „Bionicum“.

ANSCHRIFTEN DER AUTOREN/AUTORIN

PROF. DR. THOMAS SPECK
Plant Biomechanics Group Freiburg I Botanischer Garten der Universität Freiburg
Schänzlestr. 1 I 79104 Freiburg

DR. OLGA SPECK
Kompetenznetz Biomimetik
Plant Biomechanics Group Freiburg I Botanischer Garten der Universität Freiburg
Schänzlestr. 1 I 79104 Freiburg

PROF. DR. CHRISTOPH NEINHUIS
Botanisches Institut und Botanischer Garten I Technische Universität Dresden
01062 Dresden

DR. HENDRIK BARGEL
Lehrstuhl Biomaterialien I Fakultät für Angewandte Naturwissenschaften
Universität Bayreuth I Universitätsstr. 30 I 95447 Bayreuth

ANSCHRIFTEN DER ESSAYAUTOREN/AUTORIN

Dr. Hendrik Bargel und Prof. Dr. Thomas Scheibel I Lehrstuhl Biomaterialien I Fakultät für Angewandte Naturwissenschaften I Universität Bayreuth I Universitätsstr. 30 I 95447 Bayreuth

Dr. Ivo Boblan I Fachgebiet Regelungssysteme I Technische Universität Berlin I Einsteinufer 17 I 10587 Berlin

Dr. Rainer Erb I Forschungsgemeinschaft Bionik-Kompetenznetz e.V. I BIOKON e.V. I Ackerstraße 76 I 13355 Berlin

Markus Fischer I Ingenieurbüro Markus Fischer, Ostfildern I Reinachweg 8 I 73760 Ostfildern

Dr. Christian Hamm I Plankton Biomechanik I Polare Biologische Ozeanographie I Alfred Wegener Institut für Polar- und Meeresforschung I Bussestr.27 I 27570 Bremerhaven

Dr. Michael Herdy I INPRO Innovationsgesellschaft für fortgeschrittene Produktionssysteme in der Fahrzeugindustrie mbH I Hallerstraße 1 I 10587 Berlin

Prof. Dr. Jan Knippers I Institut für Tragkonstruktionen und Konstruktives Entwerfen (ITKE) I Universität Stuttgart I Keplerstraße 11 I 70174 Stuttgart

Dr. Tobias Kohl und Prof. Dr. Harald Luksch I Lehrstuhl für Zoologie I Technische Universität München I Liesel-Beckmann-Straße 4 I 85354 Freising-Weihenstephan

Prof. Dr. Christoph Neinhuis I Botanisches Institut und Botanischer Garten I Technische Universität Dresden I 01062 Dresden

Prof. Dr. Josef Schmitz und Dr. Axel Schneider I Abteilung für Biologische Kybernetik und Forschergruppe Biomechatronik I Universität Bielefeld I P.O. Box 100131 I 33501 Bielefeld

Dr. Olga Speck I Kompetenznetz Biomimetik I Plant Biomechanics Group Freiburg I Botanischer Garten der Universität Freiburg I Schänzlestr. 1 I 79104 Freiburg

Prof. Dr. Thomas Speck I Plant Biomechanics Group Freiburg I Botanischer Garten der Universität Freiburg I Schänzlestr. 1 I 79104 Freiburg